# 城市给排水系统设计导论

陈 侠 著

中国水利水电出版社
www.waterpub.com.cn
·北京·

## 内 容 提 要

本书分为两篇，第 1 篇为给水工程，主要内容有给水工程概述、给水管网的布置、给水系统的流量与水压关系、给水管网的水力计算、给水系统设计、给水系统水质处理；第 2 篇为排水工程，主要内容有排水工程概述、雨水管道系统的布置及设计、污水管网系统的设计、合流管渠系统的设计、市政污水处理。

本书可作为给排水专业的参考用书，也可供从事给排水工程的技术人员使用。

## 图书在版编目（ＣＩＰ）数据

城市给排水系统设计导论 / 陈侠著. -- 北京 ： 中国水利水电出版社，2018.7（2022.9重印）
ISBN 978-7-5170-6687-3

Ⅰ. ①城… Ⅱ. ①陈… Ⅲ. ①城市公用设施—给排水系统—系统设计 Ⅳ. ①TU991

中国版本图书馆CIP数据核字(2018)第171431号

| 责任编辑：陈 洁 | | 封面设计：王 伟 |
| --- | --- | --- |

| 书　名 | 城市给排水系统设计导论 CHENGSHI JIPAISHUI XITONG SHEJI DAOLUN |
| --- | --- |
| 作　者 | 陈侠　著 |
| 出版发行 | 中国水利水电出版社 （北京市海淀区玉渊潭南路 1 号 D 座　100038） 网址：www.waterpub.com.cn E－mail：mchannel@263.net（万水） 　　　　sales@mwr.gov.cn 电话：(010)68545888(营销中心)、82562819(万水) |
| 经　售 | 全国各地新华书店和相关出版物销售网点 |
| 排　版 | 北京万水电子信息有限公司 |
| 印　刷 | 天津光之彩印刷有限公司 |
| 规　格 | 170mm×240mm　16 开本　14.25 印张　254 千字 |
| 版　次 | 2018年8月第1版　2022年9月第2次印刷 |
| 印　数 | 2001—3001册 |
| 定　价 | 58.00 元 |

凡购买我社图书，如有缺页、倒页、脱页的，本社营销中心负责调换

# 作者简介

  陈侠，女，现任职于齐鲁工业大学，在读博士。研究方向为大气污染控制烟气脱硫，工业废水处理，海洋资源综合利用。主要讲授《大气污染控制》《城市给排水管网工程及设计》课程；主持参与省级课题两项，以及主持教研项目3项，已发表SCI/EI学术论文多篇，出版专著一部。

# 前　言

　　给排水系统作为城市建设的重要组成部分，是城市健康可持续发展的重要保障。给排水系统的任务就是保证人民生活、工业企业、公共设施、消防安全等的用水供给和废水排出，为人们的生活、生产活动提供安全、便利的用水条件，提高人们的生活健康水平，保护人们的生活、生存环境免受污染，以促进国民经济的发展、保障人们的健康和生活的舒适。因此给排水工程是现代城市不可或缺的基础设施。

　　本书主要是依据《室外给水设计规范》（GB 50013—2006）和《室外排水设计规范》（GB 50014—2006）进行编制的。在编写过程中，作者结合长期的教学和实践经验，以培养技术应用能力为主线，理论以实用、够用为度的原则进行内容的选择和安排，力求在给排水系统设计方面给出一些指导原则。

　　本书分为两篇，共 11 章。第 1 篇为给水工程，主要内容有给水工程概述、给水管网的布置、给水系统的流量与水压关系、给水管网的水力计算、给水系统设计、给水系统水质处理；第 2 篇为排水工程，主要内容有排水工程概述、雨水管道系统的布置及设计、污水管网系统的设计、合流管渠系统的设计、市政污水处理。

　　本书可作为给排水专业的参考用书，也可供从事给排水工程的技术人员使用。

　　由于编者的水平有限，书中难免有不妥与错误之处，恳请广大读者批评指正。

齐鲁工业大学（山东省科学院）

陈　侠

2018 年 3 月

# 目　录

## 第1篇　给水工程

# 第 2 篇　排水工程

# 第 1 篇　给水工程

第1篇　给水工程

# 第 1 章   给水工程概况

18 世纪中叶的工业革命，促进了工业的快速发展，生产的规模化、专业化使得某些地区工业大量聚集，使人口大量聚集，从而形成城市。随着工业化进程的推进，以及高附加值的第三产业的迅猛发展，使得城市蓬勃发展，城市给人们提供了更多的就业机会、更好的生活条件。城市化进程大大推动了社会经济的发展。给水系统是城市基础设施的重要组成部分，为城市的健康发展提供必要条件，是城市可持续发展的重要保证。自来水厂如何实现优化管理，在满足人民生活和国民经济增长的用水需求的同时，使运行成本最小化，形成特色化服务，从而实现社会、企业和用户的效益最大化，是一个很有价值的研究课题。

## 1.1 给水工程在国民经济中的价值

城市给水工程是为满足城市居民生活、企业生产等用水而兴建的，包括原水的采集、处理以及成品水输配等各项工程设施。给水工程是维持城市正常运转的支撑系统，工程性基础建设作为政府的公共投资或公益性投资项目，其投资往往是巨大的。

水是人类最宝贵的资源，决定了生命的出现及发展的可能性，是人类生存的基本条件，是国民经济的生命线。水是人们生活和生产活动的重要基础，特别是在现代化企业中，先进的生产工艺以及员工改善生产条件的需求对给水标准提出了更高的要求。水资源的短缺或水质的恶化将直接限制城市国民经济的发展。因此，给水工程作为保障城市工矿企业健康发展的一个重要基础设施，必须保证为生活用水、生产用水和其他用水等提供足够的水量、合格的水质和充裕的水压供应，在满足近期用水的需求的同时，还要兼顾到今后发展的需求。为保障所有这些需要，必须合理规划给水系统，修建可以提供满足人们生活、工业生产所需水量的给水管道。

城市给水管道为城市、城市式的村镇和工业企业附近的工人村服务。在城市和村镇中修建给水管道来输送下列各种用水：生活饮用水、浇洒和冲洗街道的用水、浇灌地面植物的用水、喷水池用水和救火用水。这些管道中的水质应符合对饮用水质量所提出的要求。给水管道为城市建立必要的卫生条件，以降低发病率和死亡率。

大城市的给水系统是一个大规模的经济企业——现代化的水厂。在这里原水受到各方面的净化和处理，然后生产出高质量的饮用水。在大城市中消耗的水量是极大的，因此需要建造大规模的抽水站。

给水管道对于防火来说是十分必要的。消防用水量虽然不大，但是是保证国民财产安全的重要基础设施，具有覆盖范围广、规模庞大等特点，需要合理的规划和设计。

给水工程是城市基础设施的重要组成部分，必须以优化管理和服务为宗旨，在尽量少消耗材料和消耗劳动的同时，保证为用户提供符合卫生标准、及时的供水服务。达到社会、企业和用户的最大效益，是给水工程设计的终极目标。在给水工程设计阶段，可以设计多种施工方案，在保证满足一定供水量的前提下，从中选出花费最少、施工用水最少的方案。给水工程产生的效益可分为经济效益和社会效益两部分，经济效益是项目投产后为用水企业和相关部门带来的效益；社会效益涉及的方面包括水资源的有效利用、就业机会的增加、人民身体健康以及环境和生态保护等。所以必须保证水源水质的卫生防护条件，为城市的可持续发展提供强有力的保障。

## 1.2 给水系统分类

给水系统是各项构筑物和输配水管网组成的系统，目的是满足城市、工矿企业正常运转的用水需求。根据系统的性质，一般可分为以下几种类型：

（1）根据取水水源来分，可分为地表水和地下水等给水系统。地表水包括江河、湖泊、蓄水库、海洋等；地下水又可分为浅层地下水、深层地下水、泉水等。

（2）根据供水方式的种类，可分为自流系统、水泵供水系统（压力供水）和混合供水系统。自流系统是指通过利用重力来实现供水的系统；水泵供水系统是指给水系统中必须通过水泵对原水进行能量提升，才可完成取水、输水或配水的系统；混合供水系统是指系统中同时存在上述两种供水方式的系统，实际给水系统大多是混合系统。

（3）根据供水用途来分，可分为生活给水、工业给水和消防给水等系统，这些系统往往对供水的水质、水压有不同的要求，相应的给水系统设计也各有不同。工业给水又可根据用水程度的不同细分为循环系统和复用系统。

实际工程项目中，往往将给水系统分为统一给水系统和分系统给水系统。统一给水系统是指生活、生产和消防等各种用水共用一套给水构筑物和管网的系统，这一系统为大多数城市所采用。实际生活生产中，工业用水量占据了城市给水总量的较大比例，但是工业用水的水质和水压标准往往不同于居民生活用水标准。这时，就需要对一些工矿企业设计分质、分压等给水系统来满足其特殊的用水需求。当然，在小城市，因工业用水量在总供水量中所占比例一般较小，仍可按一种水质和水压统一给水。又如城市内工厂位置分散，用水量又少，即使水质要求和生活用水稍有差别，也没有必要采用分质、分压给水系统。

分系统给水，是指为各类用户提供不同水质的水，以满足其特殊需求的系统。可以分为相同水源经过不同的水处理过程和管网供给用户与不同水源分类供应不同用户两种，例如工业生产用水可采用经简单沉淀后的地表水供应，如图 1.1 中虚线所示，生活用水可采用消毒后的地下水供给等。

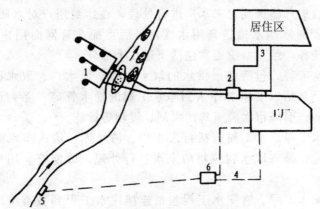

**图 1.1 分质给水系统**

1—管井；2—泵站；3—生活用水管网；4—生产用水管网；

5—取水构筑物；6—工业用水处理构筑物

有些用户对水压有特殊的要求，也可以采用分系统给水，主要是指分压供给，没有必要都按高压统一供应，以节约能量消耗。

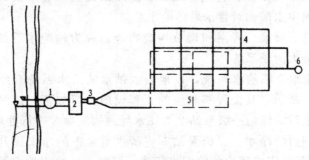

**图 1.2 分压给水系统**

1—取水构筑物；2—水处理构筑物；3—泵站；4—高压管网；

5—低压管网；6—水塔

如图 1.2 所示的管网，管网 4 相对于管网 5 对水压的要求更高，可以采用同一泵站 3 内的不同水泵分别供水。

具体工程项目中是选择统一给水系统还是分系统给水系统，要根据城市规划的居民人数和工矿企业的性质，按照其对水量、水质和水压的要求，并结合当地地形条件、水源分布情况等，在原有给水工程设施的基础上，从全局出发，通过对比不同方案在技术、经济层面带来的影响最终确定。

## 1.3 给水工程的内容与组成部分

给水系统由一系列相互联系的构筑物和输配水管网组成。它的任务是实现原水的收集并输送到自来水厂进行处理，在达到用户对水质的要求后，再通过输水管网将净水输送到用水区，最后由配水管网向用户进行配水。为完成上述任务，给水系统通常包括下述几个部分：

（1）取水工程。包括城市供水的取水水源、取水口、取水构筑物、提升原水的一级泵站以及输送原水到净水工程的输水管等一系列设施，还应包括起到储蓄、引城市水源所筑的水闸、堤坝等设施。

（2）净水工程。水工程包括自来水厂、清水库、输送净水的二级泵站等一系列设施，是将取水构筑物的来水进行处理，以期符合用户对水质的要求。

（3）输配水工程。输配水工程包括连接净水工程到城市给配水管网的输水管道、为用户分配所需水质净水的给配水管网以及起到调节水量水压的高压水池、水塔和清水增压泵站等一系列设施。通常大城市的给水系统规模较大，水量和水压都很充足，不需要设置水塔。中小城市或企业为了保证不间断供水，常设置水塔来储备水量和保证水压。水塔布置需要根据城市地形特点来决定，在管网起端、中间或末端的布置形式，分别构成了网前水塔、网中水塔和对置水塔的给水系统。

泵站、输水管渠、管网和调节构筑物等总称为输配水系统。它是给水系统中投资最大的子系统。

为更形象地介绍给水系统，以地表水供水的给水系统介绍整个给水流程，如图 1.3 所示。其流程和相应的工程设施介绍如下：江河水由取水构筑物 1 收集之后，经由一级泵站 2 送往水处理构筑物 3 进行处理，清水池 4 用以贮存处理后的净水。二级泵站 5 将清水池 4 中的净水提升并送往管网 6，由管网 6 最后完成用户的输配水任务。同时，还可根据需要建造水库泵站、高地水池或水塔 7 来调节水量和保持管网的水压，一般情况下，从取水构筑物到二级泵站都属于水厂的范围。当水源远离城市时，须由输水管渠将水源水引到水厂。

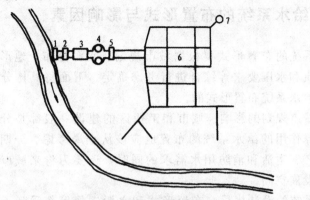

**图 1.3 给水系统示意图**

1—取水构筑物；2—一级泵站；3—水处理构筑物；4—清水池；

5—二级泵站；6—管网；7—调节构筑物

给水管网遍布整个给水区内，根据管道的功能，可划分为干管和分配管。前者主要用来输水，管径较大；后者用于配水到用户，管径较小。给水管网设计和计算时通常只限于干管。但是对于用水大户，其分配管的管径与干管的管径并无明显差别，所以管径计算须视管网规模而定。大管网中的分配管，在小型管网中可能是干管。大城市可略去不计的分配管，在小城市可能不允许略去。

通常给水系统中的某些组成部分并不是必需的，要视具体情况来定。例如取水水源为地下水的给水系统中，因地下水水质良好，通常只需加氯消毒后直接供应，可省去水处理构筑物，使得给水系统大为简化，如图 1.4所示。视城市规模大小的不同，图中水塔并非必需设施。

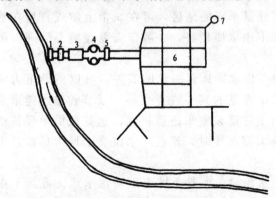

**图 1.4 地下水源的给水系统**

1—管井群；2—集水池；3—泵站；4—水塔；5—管网

图 1.3 和图 1.4 所示的系统称为统一给水系统。

## 1.4 给水系统的布置形式与影响因素

给水系统的布置形式要根据城市规划、水源分布、地形地貌，用户对水量、水质和水压要求等综合进行考虑确定。下面将具体分析讨论它们是如何影响给水系统布置形式的。

（1）城市规划的影响。城市和工业区的建设一般都是分期进行的，起服务和支撑作用的给水系统的布置也应该从全局考虑、分期建设，在保证现阶段生产、生活和消防用水需求的同时，还要为将来城市建设的需求留下足够的发展空间。

给水系统的设计规模、布置形式和水源选择等都受到了城市规划的影响和制约，必须要以城市和工业区的建设规划为基础来进行给水系统的设计和规划。例如，城市建设规划计划容纳的人口数，工业区规划规模与企业性质，城市气候等条件共同决定了其给水工程的设计流量；工业布局和引进的工矿企业性质等规划决定了生产用水量分布及其对水质的要求，这就决定了是否需要分质供水；水源和取水构筑物位置的确定需要根据当地农业灌溉、航运和水利等规划资料，结合水文地质资料来确定；城市的地形地貌等自然环境决定了管网是否需要采用分区给水的布置形式；根据城市街道功能定位，可以选定水厂、调节构筑物、泵站和管网的位置等。

（2）水源的影响。当地取水水源的种类、水源到给水区的距离、水源的水质条件等因素，都会影响到城市给水系统布置形式的选择。

可作为给水工程的水源包括地下水和地表水两种。我国北方地区多采用地下水源进行供水；我国南部地区多采用地表水源作为取水水源。

对于地下水储量丰富的地区，可在城市上游或直接在给水区内开凿管井进行取水，地下水水质较好，一般仅需要经消毒处理就可以满足用户的水质要求。

若水源相对于供水区具有一定的高差，可以借助重力实现输水，这就可以省去一、二级泵站的其一或者全部，以节省输水能量费用。例如可以在城市附近的山上建造泉室来进行供水，这是最简单经济的给水系统。再比如城市附近有大型水库时，若蓄水水位高于城市标高，也可以实现重力流供水系统。

以地表水为水源时，为避免城市生活污水或工业区工业废水排放对水源造成的污染，需要从河流上游取水。地表水易受到自然环境的影响而呈浑浊状态，且极易受到人类生产活动的污染，必须经过一系列处理达标后才可作为饮用水或工业用水水源。受到污染的水源，水处理过程更加复杂，会大大增加给水的成本，所以必须加强水资源的保护。

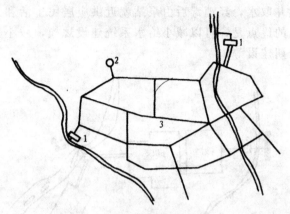

**图 1.5　多水源给水系统**
1—水厂；2—水塔；3—管网

　　城市附近的水源丰富时，为减少输水能量等消耗，往往采用如图 1.5 所示的多水源给水系统，以减小给水管网的规模。它可以从几条河流取水，或从一条河流的不同位置取水，也可以同时以地表水和地下水作为给水水源，或以不同地层的地下水进行供水等。我国许多大中城市，如北京、上海、天津等，都采用多水源的给水系统。这种系统具有便于分期发展、供水可靠、管网内水压比较均匀等优点。缺点是增加了给水构筑物和设备，使给水系统的运行管理复杂化。但通常因输水能量消耗的减少，仍较单一水源更为经济合理。

　　随着城市规模和工矿企业的发展，用水量越来越大。但是由于某些地区的河道，在枯水季节水量锐减甚至断流，江河水污染日益严重，地下水水位下降，某些沿海城市还受到海水倒灌等因素的影响，以致城市或工矿企业不能得到持续稳定的满足水质标准的供水，必须采用跨流域、远距离取水方式来解决给水问题。例如我国现有北京第九水厂供水工程、大连引碧工程、西安黑河引水工程、天津引滦工程、上海黄浦江上游引水工程、青岛引黄济青工程、秦皇岛引水工程等 10 km 以上的远距离取水工程共计有 100 多项。

　　（3）地形地貌的影响。地形条件是一个给水系统的布置形式选择的重要影响因素。对于地形比较平坦的中小城市，如工业用水量小、对水质、水压无特殊要求时，可考虑采用统一给水系统。如大中城市有河流流经而被分隔时，一般可以考虑分区给水系统，分别对两岸工业和居民用水进行供给，随着城市的发展，再考虑将两岸管网相互连通，形成多水源的给水系统。以地下水作为取水水源的地区，可根据就近凿井取水的原则，采用分地区供水的系统。图1.6所示为某城市的给水系统示意图，在城市的东西两边分别凿井取水，经消毒后由泵站就近供应居民生活和工业生产用水，这种布置形式的优点是，可以减小给水系统建设规模，减小工程投资总额，且容易实行分期建设等。

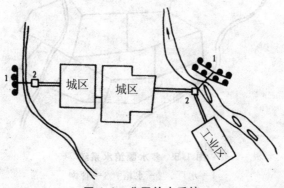

**图1.6　分区给水系统**

1—井群；2—泵站

地形起伏较大的城市，可采用分区给水或局部加压的给水系统，称为分区给水系统，如图1.7所示。将供水区域按照地形高低分别供水，与统一给水系统相比，分区给水系统可以降低管网的供水水压和管网设计流量，从而可以降低系统的运行费用。分区给水布置方式可分成并联分区和串联分区两种。并联分区是指高低两区由同一泵站分别单独供水；串联分区是指高区泵站从低区取水，然后向高区供水。

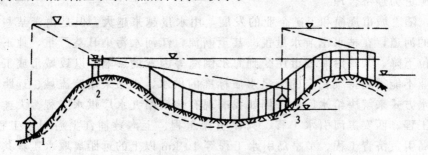

**图1.7　分区给水系统**

1—低区供水泵站；2—水塔；3—高区供水泵站

# 第 2 章　给水管网的布置

城市水系统是保障城市社会、经济、环境三个系统正常运转的重要基础设施，同时因其公益性、投资大等特点会受到以上三个系统发展水平的制约。社会系统的运转需要城市水系统提供必需的生活用水，主要包括消防用水、居民饮用水等；经济系统由城市水系统提供生产用水，经济结构决定了其用水指标和总量；环境系统由城市水系统提供生态用水，包括动植物生长所需用水。输水和配水系统包括输水到网、配水到户的一系列设施，包括输水管渠、配水管网、泵站、水塔和水池等。输配水系统必须保证供给用户所需水量的持续性和及时性，保证配水管网足够的水压。管网是给水系统的主要组成部分，通常占给水系统总投资的很大一部分。

## 2.1 给水管网的作用与组成

### 2.1.1 给水管网系统的功能

给水管网系统是给水工程设施的重要组成部分，是论述水的提升、输送、储存、调节和分配的技术科学。其基本任务是保证将水源的原水送至水处理构筑物及符合用户用水水质标准的成品水输送和分配到用户，是由不同材料的管道和附属设施构成的输水网络。其工程设计和管理的基本要求是以最少的建筑费用和管理费用，保证用户所需的水量和水压，保持水质安全，降低漏损，并达到规定的供水可靠性。

给水管网系统应具有以下功能：

（1）水量输送：即将一定量的净水输送到用户所在区域，保障用户用水量的需求。

（2）水量调节：即采用贮水措施对水量进行调节，保障用户用水供应的持续性和及时性问题。

（3）水压调节：即采用加压或减压措施调节水的压力，满足水输送、使用的能量要求。

### 2.1.2 给水管网系统的构成

给水管网系统包括输水管、配水管网、水压调节设施及水量调节设施等部分。水压调节可通过泵站、减压阀等设施完成；水量调节可通过清水池、水塔和高位水池等设施完成。图 2.1 所示为一个典型的给水管网系统示意图。

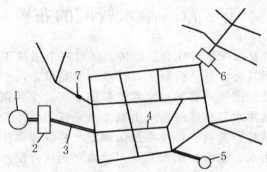

**图 2.1　给水管网系统示意图**

1—清水池；2—供水泵站；3—输水管；4—配水管网；

5—水塔；6—加压泵站；7—减压设施

（1）输水管（渠）：可分为浑水输水管（渠）和清水输水管，一般输送距离较长、管径较大。浑水输水管（渠）的任务是将原水输送往水处理厂进行处理的管（渠）；清水输水管则是将处理后的净水送往管网，或是管网向用水大户的专线供水管道，或是连接各供水区域管网的压力输水管，输水管（渠）要求不能在输送水过程中使净水再次污染，一般不沿线向外供水。输水管道的常用材料有铸铁管、钢管、钢筋混凝土管、U-PVC 管等，输水渠道一般由砖、砂、石、混凝土等材料砌筑。

**图 2.2　钢筋混凝土输水管道**

输水管承担着整个供水区域的输水任务，若发生故障将会对整个城市的居民生活、企业生产造成重大的损失，为保障供水的持续性和及时性，一般长距离输水管都是由两条并排铺设的管线组成，并在管线之间设置一些切换阀门，以保障在主管道局部发生故障时可迅速切换到另一条并行管段替代以完成输水任务，参见图 2.2。在有条件实施重力输水方案时，为降低造价，通常考虑采用渡槽输水，可以就地取材，如图 2.3 所示。

图 2.3　输水渡槽

输水管扮演着输配水管网系统干管的角色，具有流量很大、输水距离远、施工条件复杂等特点，甚至要穿越山岭或河流，技术难度极大，工期一般很长。输水管的安全性关系重大，特别是当今城市化建设发展步入了快车道，对水量和水质的需求逐渐增高，远距离输水工程扮演着越来越重要的角色，使得输水管道工程的规划和设计工作在给水系统设计中占的比重越来越大，必须给予高度重视。

（2）配水管网：其任务是将供水区内的净水足量、足压、安全地分配到所有用户，以满足用户的用水需求。

配水管网由主干管、干管、支管、连接管、分配管等部分组成。此外，配水管网中还需要安装消火栓、阀门（闸阀、排气阀、泄水阀等）和检测仪表（压力、流量、水质检测等）等附属设施，以保证消防供水和满足生产调度、故障处理、维护保养等管理需要。

（3）泵站：泵站是对输水管渠中水流进行能量提升的设施，通常包含有多台并联水泵，如图 2.4 所示。水流在输水管道中流动时会受到管壁的摩擦阻力，或者当水流处于相对较低的位置时，会使水流的能量不足以流向供水区，这时就需要通过泵站来对水流进行加压以提升其能量，来完成供水任务。在输配水系统中，用户通常需要出水具有一定的水压，对于高层建筑物其用水点往往相对于给水管道具有一定的高差，或者用户接水管管径较窄，使得管内水流阻力增大，这些都需要通过泵站对水流能量的提升来实现。

图 2.4　给水泵站

为实现上述任务，给水管网系统中通常配有供水泵站（又称二级泵站）和加压泵站（又可称三级泵站）两种泵站。二级泵站的任务是将清水池中的水加压后送入输水管或配水管网，以克服管道内壁对水流的阻力。三级泵站则是对水流加压以克服地形较高的供水区的高差，或者是对长距离供水过程中的压力中继，即多级加压。泵站一般是对清水池等贮水设施中的净水进行加压，也有部分加压泵站直接对管道中的水流进行加压，前一类属于间接加压泵站（亦称为水库泵站），后一类属于直接加压泵站。

图 2.5　清水池

泵站内部以水泵机组为主体，由内部管道将其并联或串联起来，管道上设置阀门，以控制多台水泵灵活地组合运行，并便于水泵机组的拆装和检修。泵站内还应设有水流止回阀，必要时安装水锤消除器、多功能阀（具有截止阀、止回阀和水锤消除作用）等，以保证水泵机组安全运行。

（4）水量调节设施：包括清水池（图 2.5）、水塔（图 2.6）等设施，又称为调节构筑物，是为了调节供水与用水的流量差而设置的。水量调节设施同时也承担着一部分备用水量贮存的任务，在保障消防、检修、停电和事故等情况下的用水方面发挥着重要的价值，对系统供水安全可靠性的提高具有重要意义。

清水池往往设置在水厂内，起到了衔接水处理系统与管网系统的作用，既可以贮存处理系统的出水，也为管网系统进行供水。

（5）减压设施：在某些地势较低的供水区域，管道内压力往往过高。为避免水压过高造成管道或其他设施的漏水、爆裂、水锤破坏，或为提高用户的用水体验等，通常需要采用一些减压阀和节流孔板等降低和稳定输配水系统局部的水压。

图 2.6　水塔

## 2.2 给水管网的布置原则与形式

### 2.2.1 管网系统布置原则

给水管网包括输水管渠和配水管网两大部分。对输水管网的要求包括能够提供足够的水量，保证供水的持续性，同时要保证配水管网维持一定的水压。管网的布置应遵循一定的原则：

（1）按照城市规划，布置时应考虑给水系统分期建设的可能，确定给水系统服务范围和建设规模，留有充分的发展余地。

（2）结合当地实际情况规划给水管网，设计不同的布置方案，选择最经济可靠的方案。

（3）管网布置必须保证供水的安全可靠，保证在发生故障时影响范围最小。

（4）分清主次，输水管渠与主干管布置完成后，再进行一般管线与设施的布置。

（5）设计时尽量选择最短的管线敷设距离，尽量减少拆迁和占用农田所需费用，从而降低管网造价和供水能量费用。

（6）协调好与其他管道、电缆和道路等工程的关系。

（7）要考虑管渠施工过程中的可操作性与便捷性，后期管渠运行、维护的便捷性。

### 2.2.2 给水管网布置形式

尽管给水管网布置受上述原则和影响因素的制约，其形状各有不同，但不外乎两种基本形式：树状管网和环状管网，如图 2.7、图 2.8 所示。

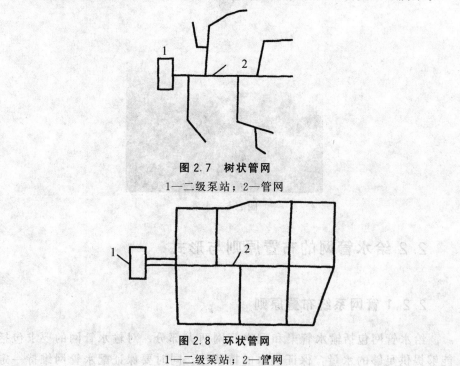

**图 2.7 树状管网**

1—二级泵站；2—管网

**图 2.8 环状管网**

1—二级泵站；2—管网

　　树状管网：因管网布置形式类似树状而得名。其管径随着从水厂泵站或水塔到用户管线的延伸而越来越小。这种管网布置形式的供水可靠性较差，因为管网中任一点的用水只能由单向管道供应，若某一段管道发生故障时，其后的所有管段都会断水。另外，在树状网的末端，因用水量很小，导致管中的水流流速缓慢，甚至会由于末端用户长时间的不使用而出现停滞不动的现象，使水质变坏。但这种管网一般具有总长度较短、结构简单、投资较省的优点。因此小城镇和小型工矿企业大多采用这种布置形式，或者在建设初期采用树状管网，待以后条件具备时，再逐渐发展成环状管网。

　　环状管网：这种管网将其管道进行纵横相互连接，形成环状，这样做的好处是增加用水点的连通数，增加管网系统的可靠性。当某段管线发生故障时，可以通过关闭附近阀门将该段管线进行隔离，用户由其他管线进行供水。这样可以实现分段检修的功能，缩小因局部故障导致的断水区域。环状网还可以大大减轻树状网中常出现的水锤作用对管线的损坏现象。与此同时带来的后果是，环状管网管线总长度增大，建设总投资明显要高于树状管网。环状管网一般在大、中城镇和工业企业这种对供水持续性、安全性要求较高的供水区域中采用。

　　城镇建设的初期往往采用树状网布置形式进行管网设计，之后再随着城市建设的进程逐步连成环状管网。实际中，城市的给水管网往往采用混合形式进行布置，即根据城市规划和地形环境等分区进行树状网或环状网布置形式选择。对于城市中心和某些重要的工矿企业等对供水可靠性要求较高的地区和单位，采用环状网形式布置，对于城市郊区或企业中个别较远的车间等地区和单位，则可以考虑采用树状网形式或双管完成输水任务。

　　给水管网规划布置方案直接关系到整个给水工程投资的大小和施工的难易程度，并对今后供水系统的安全可靠运行和经营管理等有较大的影响。因此，在进行给水管网具体规划布置时，应深入调查研究，充分占有资料，对多个可行的布置方案进行技术经济比较后再加以确定。

## 2.3 管网定线

### 2.3.1 输水管（渠）定线

　　从水源到水厂或水厂到相距较远管网的管、渠叫作输水管（渠）。当水源、水厂和给水区的位置相近时，输水管渠的定线问题并不突出。但是随着国民经济的快速发展以及水源污染的日趋严重，附近的水源逐渐不能满足用水量的需求。这时就需要从水量充沛、水质良好、便于防护的水源取水，这种情况下输水管渠的长度往往可以达到几十公里甚至几百公里，定线问题就会比较复杂。

输水管（渠）对整个给水系统的作用是非常重要的。它往往具有传输距离长的特点，传输过程中不可避免地与河流、高地、交通路线等形成很多交叉部分。

输水管（渠）可分为压力输水管（渠）和无压输水管（渠）。通常情况下输水管（渠）的传输距离较长，地形较复杂，大多选择压力输水管（渠），但是其中的某一段输水管（渠）可能沿水流方向具有较大的坡度，这时可以选择无压力输水管（渠）来完成输水。输水方式相应地分为加压输水和重力管（渠）输水两种形式。加压输水适用于水源低于给水区，例如以江河水作为水源时，需要采用泵站提升水流能量。根据地形高差、管线长度和水管承压能力等情况，有时还需增加中继加压泵站；重力管（渠）输水方式适用于水源位置高于给水区的情况，例如采用蓄水库水供水时，就可以考虑利用重力完成输水，重力管（渠）的定线相对比较简单，可沿水力坡线以下铺设并且尽量按最短距离原则进行管（渠）定线。

在进行远距离输水时，地形难免有起有伏，这种情况下需要选择加压输水的方式，但实际情况往往采用加压和重力输水两者的结合形式。可将整个输水管段按高低分为多个区域，在相对位置高的地段可以借住重力自流输水；在相对位置低的地段，需要采用加压输水。实际情况可能更加复杂，需要根据实际情况而定。如图2.9所示，在1、3处设泵站加压，上坡部分如1～2和3～4段用压力管，下坡部分根据地形采用无压或有压管（渠），以节省投资。

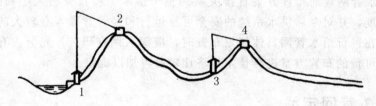

**图2.9　重力管和压力管相结合输水**

1、3—泵站；2、4—高位水池

在长期的实践当中，人们总结了输水管（渠）定线的一般步骤。首先根据当地地形设计几种可能的定线方案，然后到现场对各方案进行实地踏勘，从投资、施工、管理等方面，对各种方案进行技术、经济比较后确定方案。

输水管（渠）的定线需要遵循一定的原则，即尽量缩短管线长度，减少拆迁和占用农田。管（渠）定线的方案选择要考虑到管（渠）施工和运行维护的可操作性，以及供水的安全性；选线时还需要注意地形和地质条件的选择，比如应尽量沿现有道路定线，尽量避免与铁路、公路和河流的交叉，以便于后期的施工和检修；管线应尽量避免穿越滑坡、岩层、沼泽、高地下水位和河水淹没与冲刷地区等布置，以减小建设投资和运行维护费用。这些是输水管（渠）定线的基本原则。

在管（渠）定线必须穿越山嘴、山谷、山岳等障碍物以及河流和干沟时，要合理选择管渠走线的方式，在山嘴地段是绕过山嘴还是开凿山嘴；在山谷地段是延长路线绕过还是用倒虹管；遇独山时是从远处绕过还是开凿隧道通过；穿越河流或干沟时是用过河管还是倒虹管等。即使在平原地带，当遇到地质不良地段或其他障碍物时，必须考虑避开该地段或采取加固措施穿过。

输水管（渠）定线时，特别是远距离输水时，必须重视这些原则，并根据具体情况灵活运用。

管线定线选定后，还必须进一步考虑是否需要采用双管（渠）进行输水，需要哪些附属构筑物，以及如何实现输水管的排气和检修放空等问题。

但采用管（渠）进行输水时，这样的给水系统是比较脆弱的，这时可以考虑在用水区附近设置水池进行流量调节，从而改善因输水管（渠）故障造成的供水问题。是否需要多管渠输水应根据输水量、事故时需保证的用水量、输水管（渠）长度、当地有无其他水源和用水量增长情况而定。对供水持续性要求高的地区，应采用多管（渠）系统进行输水，以实现故障时的快速切换。对于用水量小、有其他备用水源或输水管长的地区，可考虑采用单管（渠）加调节水池的方案。

## 2.3.2 城市管网

城市给水管网定线一般只对管网的干管以及干管之间的连接管进行设计，干管到用户的分配管和用户的进水管的定线需要在实际施工过程中确定。如图 2.10 所示，实线表示干管，管径较大，其功能是完成各供水地区的输水。虚线表示分配管，其功能是将干管中的净水分配到用户和消火栓，管径较小，根据城市消防流量决定分配管的最小管径。

城市管网定线取决于城市规划布局，包括供水区地形地貌、水源和调节水池位置，街区和用户特别是大用户的分布，河流、铁路、桥梁等的位置，考虑的要点如下：

定线时，干管应沿从二级泵站到水池、水塔以及大用户的水流方向铺设，如图 2.10 中的箭头所示，将干管以最短的距离穿过用水量较大的街区。干管的间距应视街区用水量情况设置在 500～800 m 范围内。经济上，树状给水管网的投资量最小，只需要一条干管，辅以多条管径较小的支管即可为沿线供水区提供用水服务；但考虑到可靠性的问题，则以几条干管相连而成的环状网为宜，连接管之间的间隔可根据街区的大小在 800～1000 m 范围内选择。

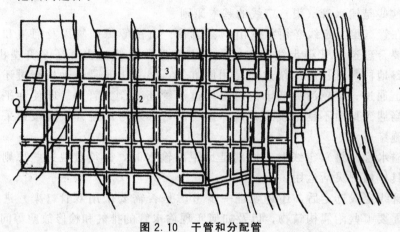

图 2.10　干管和分配管
1—水塔；2—干管；3—分配管；4—水厂

为提高后期维护的便利性，一般应沿城市规划道路定线，但是要尽量避免穿过交通流量大的主干道路，以减小故障时对交通运转造成的影响。管线在道路下的平面位置和标高，应符合城市或厂区地下管线综合设计的要求，给水管线和建筑物、铁路以及其他管道的水平净距，均应参照有关规定确定。

分配管的定线比较灵活，需要在施工现场进行确定。分配管直径主要由通过的消防流量确定，避免因小的管径造成过大的水头损失，从而保证消防用水的水压，一般应不小于 100 mm，对于较大的城市其管径范围一般选在 150～200 mm。通常建筑物通过一条进水管将支管中净水引入，再对用户进行配水。对于用水要求较高的建筑物或建筑物群，需要布置多条进水管来增加供水的可靠性。

# 第 3 章　给水系统的流量与水压关系

## 3.1 给水系统的流量关系

在第 1 章中我们了解到给水系统是由取水、给水处理、输配管道及增压等系统组成的。各组成系统功能各自独立，但又互为影响，各组成系统间的流量有着密切的联系。为保证给水系统供水的安全可靠，满足城市供水需求，给水系统各组成部分中的构筑物均应以城市的最高日设计用水量 $Q_d$ 为设计计算基础。在最高日设计用水量 $Q_d$ 的基础上，依据各组成部分功能的不同，其设计流量也不尽相同。

### 3.1.1 取水构筑物、一级泵站及水厂

#### 1. 水源为地表水或需净化处理的地下水

当城市的最高日设计用水量 $Q_d$ 确定后，取水构筑物、一级泵站、一级输水管与给水处理系统的设计流量将随着一级泵站的工作状况而定。一般一级泵站和水厂均为连续、均匀地运行。一方面为保证给水处理构筑物运行稳定及管理便利，要求流量稳定；另一方面从基本建设投资角度来说，按最高日每日 24 h 平均供水量较按最高日、最高时供水量来得低，但按最高日平均时供水仍能满足最高日供水需求，因此按最高日每日 24 h 平均供水量较按最高日、最高时供水量设计的各构筑物尺寸、设备容量、连接管径等均有缩减，故其投资也相应减少。

由此可见，取水构筑物、一级泵站、一级输水管（渠）及水厂内净水构筑物、设备和连接管道，均按最高日平均时设计用水量加上水厂自用水量和输水管（渠）的漏失水量计算。当考虑到有消防给水任务时，其设计流量还应根据有无调节构筑物，分别增加消防补给量或消防水量。

最高日平均时设计用水量 $Q_T$：

$$Q_T = \frac{Q_d}{T} \tag{3.1.1}$$

式中，$Q_T$ 代表最高日平均时设计用水量，$m^3/h$；$Q_d$ 代表最高日设计用水量，$m^3/d$；$T$ 代表每日工作小时数，一般认为给水系统按 24 h 均匀工

作；县镇、农村等夜间用水量较小，可考虑一班或两班制运行。

设计用水量 $Q$ ：

$$Q = aQ_T \quad (m^3/h) \tag{3.1.2}$$

式中，$a$ 为水厂自用水量和输水管（渠）的漏失水量系数，一般水厂自用水量占水厂设计最高日用水量的 5％ 左右，输水管道的漏失水量应根据管道的材质、接口形式、系统布置及管道长度加以确定，通常认为 $a$ 的取值范围为 1.05 ～ 1.10。

**2．水源为无需处理的地下水**

若所取用的水源为地下水，且水质较好，一般不需要采取净化措施，只需在网前进行消毒处理，这种情况下一级泵站通常是直接将井水输入管网或蓄水池，这时可以不考虑水厂自用水量和输水管（渠）的漏失水量系数，也就是说水厂自用水量和输水管（渠）的漏失水量系数 $a = 1$。

设计用水量 $Q$ ：

$$Q = Q_T \quad (m^3/h) \tag{3.1.3}$$

### 3.1.1 二级泵站、配水管网及调节构筑物

二级泵站、配水管网及调节构筑物的设计水量，均与城市用水量变化曲线和二级泵站供水曲线有关。

**1．二级泵站**

二级泵站的设计供水量必须考虑管网中的调节构筑物的设置情况，是否存在调节构筑物对设计供水量影响很大。

（1）当管网中无调节构筑物时，二级泵站的设计供水量必须时刻满足用户需求，也就是说二级泵站的任何小时供水量应完全等于用水量。因用水量时刻都在变化，故二级泵站的水泵也应多台设置且大小搭配，以满足供给每小时变化的水量，让水泵保持高效运转。为保证城市用户用水量及水压要求，水厂的二级泵站的设计水量应根据居民最高日最高时用水量来定。

（2）当管网中有调节构筑物时，二级泵站的供水曲线应根据城市用户用水量变化曲线来确定：①为减少调节构筑物的容积，便于水泵机组的维护管理，一般水泵分级数不大于三级，且各级供水曲线尽可能接近用水曲线；②水泵分级应考虑水泵的选型是否能合理搭配，并能满足近期及近期内水量增长的需要；③水泵每小时的供水量并不一定要和每小时用水量一一对应，但 24 h 供水量之和一定等于最高日用水量。

### 2. 配水管网

配水管网的计算流量均应视其在最高日最高用水时的工作状况来确定，并应依据在其管网中有无调节构筑物及调节构筑物的具体位置而定。

（1）无水塔时。配水管网按最高日、最高时流量计算。

（2）有水塔时。

1）当设置有网前水塔时，也就是说水塔设置在管网系统的前端，这时从二级泵站到水塔间的输水管按水泵站分级工作线的最大一级供水量计算；而从水塔至配水管网则按最高日、最高时流量计算。

2）设有对置水塔时，也就是说水塔设置在管网系统的末端，这时从二级泵站到水塔间的输水管仍按水泵站分级工作线的最大一级供水量计算；从水塔至配水管网间的输水量则按最高日、最高时与水泵站分级工作线的最大一级供水量之差计算；配水管网仍按最高日、最高时流量计算。

对设有对置水塔管网系统设计时，为保证安全供水，除满足上述要求外，还应按最大转输时进行校核。

3）设有中置水塔时，也就是说水塔设置在管网系统的中间部位，这时分两种情况考虑：一种是水塔靠近二级泵站，且供水量大于泵站与水塔间用户的用水量，此时可按网前水塔考虑；另一种是水塔离泵站较远，供水量小于泵站与水塔间用户的用水量，此时可按对置水塔考虑。

（3）调节构筑物。调节构筑物是用以调节水量的。清水池要实现的功能是调节一级泵站与二级泵站的供水量差；而水塔要完成的任务是调节城市用水量与二级泵站供水量之间的差。

## 3.2 给水系统的水压关系

给水系统应保证一定的水压，使能供给足够的生活用水或生产用水。城市给水管网设计时最小的服务水头的计算标准是：从地面起，一层的服务水头为 10 m，2 层的服务水头为 12 m，超过 2 层的建筑物，给水系统应保证最小服务水头需要，应按每增加一层增加 4 m 进行计算。例如，对于建筑高度为 13 层的建筑物，应保证的最小服务水头为 56 m。对于那些城市内的少数高层建筑物或建筑群，或在城市高地上的建筑物等所需的水压，可单独设置局部加压装置来满足这类建筑物的水压要求，不作为整个管网水压设计的依据，这样比较经济。

泵站、水塔或高地水池是给水系统中保证水压的构筑物，因此需了解水泵扬程和水塔（或高地水池）高度的确定方法，以满足设计的水压要求。

### 3.2.1 水泵扬程确定

水泵扬程 $H_P$，又称为泵的压头，表征水泵对单位重量的水的能量的提升的能力。泵的扬程大小取决于泵的结构（如叶轮直径的大小，叶片的弯曲、转速情况等。一般可表示为静扬程和水头损失之和。

$$H_P = H_0 + \sum h \qquad (3.2.1)$$

静扬程 $H_0$ 由实际抽水环境决定。一级泵站的静扬程等于水泵吸水井最低水位与水厂的前端处理构筑物（一般为混合絮凝池）最高水位的高程差。在工业企业的循环给水系统中，水从冷却池（或冷却塔）的集水井直接送到车间的冷却设备，这时静扬程等于车间所需水头（车间地面标高加所需服务水压）与集水井最低水位的高程差。

水头损失 $\sum h$ 包括水泵吸水管、压水管和泵站连接管线的水头损失，如图 3.1 所示。

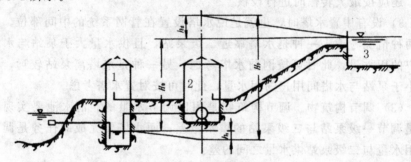

**图 3.1　一级泵站扬程计算**

1—吸水井；2—级泵站；3—絮凝池

所以一级泵站的扬程可表示为：

$$H_P = H_0 + h_s + h_d \quad (\text{m}) \qquad (3.2.2)$$

式中，$H_0$ 表示静扬程，单位为 m；$h_s$、$h_d$ 表示最高日平均时供水量和水厂自用水量确定的吸水管、压水管及泵站到絮凝池管线中的水头损失总和，单位为 m。

二级泵站的主要功能是从清水池取水，然后直接输送给用户或先送入水塔，而后再由配水网配送到户。

如果管网中没有设置水塔，如图 3.2 所示，泵站取水后直接输水到用户，这时的静扬程等于清水池最低水位与管网控制点所需水压标高的高程差。管网控制点是指在保证该点水压达到最小服务水头时，整个管网不会出现水压不足的点。该点通常距离二级泵站最远或处于地形最高的位置，设计时只需要考虑在最高用水量时，该点的压力可以达到最小服务水头的要求，就可以保证整个供水区对供水水压的要求。

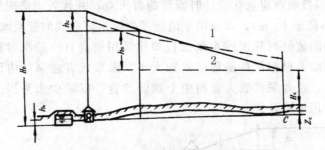

图 3.2　无水塔管网的水压线

1—最小用水时；2—最高用水时

管网中无水塔时，考虑水头损失之后，包括吸水管、压水管、输水管和管网等水头损失，二级泵站扬程就可表示为：

$$H_P = Z_c + H_c + h_s + h_c + h_n \qquad (3.2.3)$$

式中，$Z_c$ 表示管网控制点 C 的地面标高与清水池最低水位之间的高程差，单位为 m；$H_c$ 表示控制点应提供的最小服务水头，单位为 m；$h_s$、$h_c$ 和 $h_n$ 分别表示吸水管、输水管和管网中水头损失，单位均为 m。$h_s$、$h_c$ 和 $h_n$ 的计算都在水泵最高时供水量条件下计算。

工业企业和中小城市水厂会建造水塔，由水塔高度来保证管网控制点的最小服务水头（图 3.3），二级泵站只需供水到水塔。这时其静扬程等于清水池最低水位和水塔最高水位的高程差，水头损失包括吸水管和泵站到水塔的管网水头损失总和。水泵扬程的计算仍可参照式（3.2.3）。

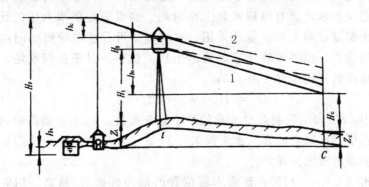

图 3.3　网前水塔管网的水压线

1—最高用水时；2—最小用水时

二级泵站扬程在必须保证最高用水时的水压的同时，还应考虑存在消防流量时的水压要求，如图 3.4 所示。在发生火灾时，管网中额外增加了消防流量，因而增加了管网的水头损失。水泵扬程的计算仍可按照式（3.2.3），但控制点应选在设计时假设的着火点，并代入消防时管网允许的水压 $H$（不低于 10 m），以及用于消防产生流量而造成的管网水头损失 $h_c$。如在考虑消防流量时算出的水泵扬程如比采用最高日、最高时算出的静扬程要高，则需要根据两种扬程的差别大小，采取或者在泵站内设置专用消防泵的措施，或者采取放大管网中个别管段直径以减少水头损失的措施而避免设置专用消防泵。

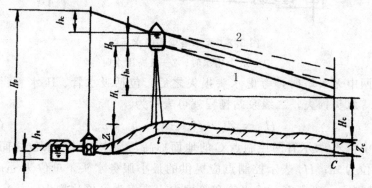

图 3.4　泵站供水时的水压线

1—消防用水；2—最高用水时

### 3.2.2 水塔高度确定

大城市一般不设水塔，因城市用水量大，水塔容积小了不起作用，如容积太大造价又太高，况且水塔高度一经确定，不利于今后给水管网的发展。但是设置水塔具有缩短水泵工作时间、提供恒定供水水压的优点，通常为中小型城市和工矿企业所采用。水塔通常可设置在管网中间或靠近管网末端的位置，也可设置于靠近处理水厂的位置。对于任何水塔，其水柜底部与地面的高程差可见图 3.3：

$$H_t = H_c + h_n - (Z_t - Z_c) \qquad (3.2.4)$$

式中，$H_c$ 表示控制点 C 要求的最小服务水头；$h_n$ 表示最高时用水量条件下从水塔到控制点的管网水头损失；$Z_t$ 表示水塔位置处的地面标高；$Z_c$ 表示控制点的地面标高。

由式（3.2.4）可知，建造水塔位置的地面标高 $Z_t$ 越高，相应的水塔高度 $H_t$ 就越低，所以水塔应建在地形比较高的位置。对于那些距离二级泵站比较远、地形比较高的城市，需要在管网末端设置水塔，从而形成对置水塔。对于这样的给水系统，其最高用水量由泵站和水塔分别承担一部分给水区的供水任务，最低水压出现在给水区分界线上。求对置水塔管网系统中的水塔高度时，式（3.2.4）中的 $h_n$ 是指水塔到分界线处的水头损失，$H_c$ 和 $Z_c$ 分别指水压最低点的服务水头和地形标高。这里，水头损失和水压最低点的确定必须通过管网计算。

## 3.3 流量和压力的关系

在日常的给水设计当中，流量和压力是两个经常会遇到的设计值。设计工作者常常会提出一些关于流量和压力关系的观点，归纳起来主要有两种倾向。

### 3.3.1 观点一的提出

在给水设计当中，无论是参阅教材或设计规范、手册时，都能见到类似于消火栓水枪喷口公式 $Qxh = BH^{1/2}$，或自动喷水灭火系统喷头流量公式 $Q_P = KH^{1/2}$，类似的还有孔口、管嘴等水力学上的相关流量出流公式。这些公式里面所包含的流量和压力二者的关系，即如果出水口处的压力越高，管道的出水流量就会越大，二者呈正相关的关系。因此一些设计者会认为如果水泵所能提供的压力越大，水量就能够有所增加。这就是对于压力和流量的第一种观点。

应用水力学知识对观点一进行分析。第一种观点认为流量与压力呈正相关关系。水力学上经典的伯努利方程可以很好地解释此观点的由来。如图 3.5 所示为计算简图，其中 1－1 表示低位生活水池的储水液面，2－2 表示高位水箱的进水管道出水口。

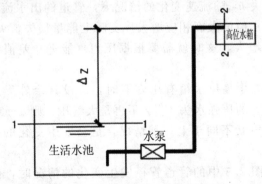

**图 3.5　流量与压力关系计算简图**

以 1－1 和 2－2 断面列该处的伯努利方程关系式如下：

$$Z_1 + P_1/\gamma + u_1^2/2g + H_泵 = Z_2 + P_2/\gamma + u_2^2/2g + h_w \qquad (3.3.1)$$

式中，$Z_1$、$Z_2$ 和 $P_1$、$P_2$ 分别表示 1—1、2—2 断面处的位置水头和压强水头；$u_1$、$u_2$ 分别表示 1—1 和 2—2 断面处的速度水头；$H_泵$ 表示水泵扬程；$h_w$ 表示水流在流动过程中因管壁摩阻等带来的能量损失；$\gamma$ 表示液体的重度。

用 $\Delta Z = Z_2 - Z_1$ 表示断面的位置水头差，假设断面 1—1 和 2—2 处的压强水头均为大气压强，有 $P_1 = P_2 = 0$，$u_1$ 与 $u_2$ 的值相比通常可以忽略不计，于是有 $u_1 = 0$，考虑水力学中的连续性方程 $Q = Au$，则式（3.3.1）可改写为：

$$Q_2 = 0.25D(2g)^{1/2}\left[H_泵 - \Delta Z - h_w\right]^{1/2} \tag{3.3.2}$$

式中，$D$ 表示管道的管径。

由于管径选定后不会发生变化，故令 $C = 0.25D(2g)^{1/2}$ 为常数值，令 $H = \left[H_泵 - \Delta Z - h_w\right]^{1/2}$，故式 3.3.2 可简写为：

$$Q_2 = CH \tag{3.3.3}$$

由式（3.3.3）可知，观点一中的压力（能量）值 $H$，实际上表示的是泵站在克服了水池高程差和水头损失之后剩余的压力（能量）值，即 $H_泵 - \Delta Z - h_w$。而正是由于 1—1 和 2—2 断面之间的这个压力（能量）差值促使这两个断面之间的流体产生了流动，从而形成了流量。类似于电场当中两点的电位差导致电荷移动产生了电流。压力（能量）差值越大，这时水泵所提供的压力（能量）在克服了 1—1 和 2—2 之间的高程差和水头损失后的剩余能量越大，水流所获得的剩余能量越充盈，从而导致水流加速，所形成的流量值也就越大。

根据观点一得出的结论，可以对几种情形进行分析：

（1）在管道管径恒定不变，1—1 和 2—2 位置高差 $\Delta Z$，同时可忽略流体流动的能量损失 $h_w$ 随流速变化的情况下，管道的出水流量就会随水泵提供的压力（能量）值增大而相应增大。实际上能量损失值 $h_w$ 一般随流量值的增大而相应的增大，这时就需要根据压力（能量）差值的大小来分析管路内流量的大小。

（2）当图 3.5 中高位水箱有压容器时，假设其余外界条件不变，这时 2—2 断面出水口处的压强水头 $P_2/\gamma$ 不再是大气压，则 1—1 和 2—2 之间的压力（能量）差值就不同于上一种情况，是会发生变化的，相应流量的变化就会受到影响。

（3）在考虑图 3.5 中的管道管径发生变化的情况时，假设其余的外界条件不变，这时的 $C$ 就不再是常数，会随着管径的变化而变化。如果要保持 2—2 出水流量不变，则必须使得压力差值随管径的变化发生相应的变化，可采用改变位置高差 $\Delta Z$ 或能量损失 $h_w$，或同时改变二者的措施来保证出水流量不变。由式（3.3.2）可以很好地解释这个现象。

因此，观点一所认为的流量与压力（能量）存在正相关的关系，准确地说应该是流量与压力（能量）差值的正相关，是压力（能量）差值的变化导致了流量的变化，而非某点某处的压力（能量）值。

### 3.3.2 观点二的提出

水力学中流体做功的有效功率 $N = \rho gQH$，对于工频离心泵来说输出功率恒定不变，那么此时流量 $Q$ 和压力 $H$ 就成了负相关的关系了。即水泵的压力值越大，则水泵的出流量越小。这就是关于给水当中流量和压力的第二种观点。第二种观点与第一种观点所得出的结论截然相反。

实际上对于 $N = \rho gQH$ 这个关系式，$N$ 可理解为液体在单位时间内由于泵的提升而获得的能量。对于一定工作频率的离心泵来说，输出的有效功率值是一定值，所以流体由水泵获得的总能量也是一个定值。观点二中的 $H$ 值实际上反映的是一个点的压力值，即水泵出口处的扬程值，而非压力差值，与观点一当中的 $H$ 值不是一个概念，它与水泵之后的管道当中流量大小没有直接关系。类比于物理中抬高物体的实验，不同重量的物体在获得相同能量之后，自然重的物体会比重量轻的物体处的位置低一些。对于同一种流体来说，重量就类比为流体的流量大小，这里不能认为提高水泵的扬程就一定能增大给水流量。

经过上述两种观点的比较和分析，可知流量和压力的关系须在具体环境和情况下具体的分析，二者之间没有直接的、硬性的联系。需要仔细搞清楚压力和流量在当时环境中代表的具体意义，才可以判断二者的关系。只有深入了解这些关系，在以后的设计当中才能够正确分析和解决一些实际问题。

# 第4章 给水管网的水力计算

给水管网的设计需要遵循在满足供水需求的同时，尽量节约成本的原则，这就需要确定干管管径、管网各节点的水压、二级泵站和管网中的加压泵站的扬程等问题，这些参数需要通过严密的给水管网水力计算才能确定。水力计算作为给水管网设计的依据，是进行管网系统模拟和各种动态工况分析的基础，也是加强给水管网系统管理和优化运行的基础。因此，管网水力计算是给水系统中一个重要的课题。

在实际工程设计中，管网水力计算课题包括了对新建管网和扩建管网的设计以及对旧管网的复核这三部分内容。

## 4.1 管网水力学基础

### 4.1.1 给水管网水流特征

在水力学中，水在圆管中的流动有层流、紊流及介于两者之间的过渡流三种流态，可以根据雷诺数 $Re$ 进行判别，其表达式如下：

$$R_e = \frac{evd}{\mu} \tag{4.1.1}$$

式中，$v$ 表示管内平均流速 $2\mathrm{m/s}$；$d$ 表示管径 $\mathrm{m}$；$\mu$ 表示水的运动粘滞系数，该系数随着水温升高而减小，所以水流的雷诺数随着水的温度升高而增大。

层流是指 $Re$ 小于 2000 时的流态，紊流是指 $Re$ 大于 4000 时的流态，如前所述过渡流态为 $Re$ 介于 2000 到 4000 之间时的流态，这时水流状态不稳定。不同流态下的水流阻力特性不同，所以进行管网水力计算时需要进行流态判别。

通常情况下管渠中的水流处于紊流流态，在对给水排水管网进行水力计算时均按紊流考虑。水流流过管道时遇到的摩阻可划分为三个阻力特征区：阻力平方区（又称粗糙管区）、水力光滑管区和过渡区，主要由雷诺数 $R_e$、管径及管壁粗糙度决定。阻力平方区是指水流流过比较粗糙的管壁时，管渠水头损失正比于流速平方；在水力光滑管区，管渠水头损失约正比于流速的 1.75 次方；而在过渡区，管渠水头损失正比于流速的 1.75～2.0 次方。对于常用管材的给水管道中，阻力平方区与过渡区的流速分界线一般在 $0.6\sim1.5$ m/s 之间，过渡区与光滑区的流速分界线一般在 $0.1$ m/s 以下。一般给水管道中的水流流速处于 $0.5\sim2.5$ m/s 之间，也就是说水流均处于紊流过渡区和阻力平方区，很少以紊流光滑区状态运行。当管壁较粗糙或管径较大时，水流多处于阻力平方区；当管壁较光滑或管径较小时，水流多处于紊流过渡区。

### 4.1.2 管网水力计算基本方程

管网的规划和新建、扩建都需要进行水力计算。水力计算需要的原始资料包括：管网定线图、配水水源（泵站和水池、水塔）的位置、配水水源的 $Q\text{-}H$ 特性、管段长度和直径、管段起端和终端的高程、节点流量及要求的自由水压等。

管网水力计算的目的在于：在初分流量和初步确定管径的基础上，确定各水源（如泵站、水塔）的供水量、各管段的实际设计流量 $q_{ij}$ 和管径以及全部节点的水压。

通常采用压降方程、节点（连续性）方程、能量方程等基础方程组来对管网进行水力计算。

#### 1. 节点方程

节点方程也称为连续性方程，描述的是流入任一节点的流量必等于流出该节点的流量，也就是说该节点流量保持平衡。即

$$\left[ q_i + \sum q_{ij} \right]_i = 0 \tag{4.1.2}$$

式中，i、j 分别表示管段起止点编号；$q_i$ 表示节点 i 的节点流量；$q_{ij}$ 表示与节点 i 相连接的各管段流量。

为方便起见，规定管段流量的正方向为流出节点的方向，负方向为流入节点的方向。

因为管网总供水量已知，所以对于特定的管网，其连续性方程中总有一个方程为定值。节点数为 $J$ 的管网，可写出 $J-1$ 个节点连续性方程，应用连续性方程可以求出管网全部管段的流量 $q_{ij}$。树状网的管段数 $P = J - 1$。

#### 2. 压降方程

压降方程即水头损失方程，描述了管段水头损失与其两端节点水压的关系。

管网计算时，往往将局部阻力导致的水头损失折算到摩阻系数或当量长度中，从而忽略局部水头损失。将管网作均一管道处理来考虑水头损失

时，流量 $q$ 和水头损失 $h$ 呈指数型相关：

$$h_{ij} = [H_i - H_j] = [s_{ij}q_{ij}^n]_{ij} \qquad (4.1.3)$$

式中，$H_i$、$H_j$ 分别表示管段两端节点 $i$、$j$ 的水压高程；$h_{ij}$ 表示管段沿线的水头损失；$s_{ij}$ 表示各管段水流流过管壁的摩阻；$q_{ij}$ 表示管段流量。

$n$ 取值一般在 $1.852\sim2$ 范围内，需要根据所采用的水头损失计算公式确定。管网的压降方程数等于管段数 $P$。

### 3、能量方程

能量方程是闭合环的能量平衡方程，表示每一环中各管段的水头损失总和等于零的关系。可写成

$$\left[\sum h_{ij}\right]_L = 0 \qquad (4.1.4)$$

式中，$h_{ij}$ 表示属于某基环的管段的水头损失，单位为 m；$L$ 代表管网的基环数，相应的有 $L$ 个能量方程。

在每一个环中，管段水头损失的符号规定如下：流向为顺时针方向的管段，管段的水头损失为正；反之，流向为逆时针方向的管段，管段水头损失为负。

在进行管网水力计算时，可将 $J-1$ 个连续性方程与 $L$ 个能量方程联立求解，得出管网全部 $P$ 个管段流量；也可利用 $J-1$ 个连续性方程与 $P$ 个压降方程得出 $J-1$ 个 $q_i + \sum\left(\dfrac{H_i - H_j}{s_{ij}}\right)^{1/2} = 0$ 方程，求出管网各节点水压；而利用连续性方程初分管段流量后，与能量方程联立求解，则可以得出 $L$ 个环的校正流量 $\Delta q_L$。

### 4.1.3 管网水力计算的流量

#### 1. 比流量

沿城市给水管线上分布着许多用户，这些用户用水量各不相同，既有像工厂、机关、旅馆等用水大户，也有众多用水量较少的居民用水，情况比较复杂。如图 4.1 所示为干管配水情况的示意图，$q_1$、$q_2$……表示沿线各用户的用水量，$Q_1$、$Q_2$……表示分配管的流量。如果按照实际用水情况来进行管网水力计算，计算会变得非常复杂，几乎不可完成，再考虑到用户用水量随时间和季节等在发生着变化，也没有必要计算每个单位的实际用水量。因此，计算时往往加以简化，除特殊考虑大用户的用水量外，其余用水量较小的用户用水量采用干管管线单位长度的流量来计算，称为长度比流量 $q_s$，简称比流量。

$$q_s = \frac{Q - \sum Q_i}{\sum l} \qquad (4.1.5)$$

式中，$q_s$ 代表长度比流量；$Q$ 为管网总设计用水量；$\sum Q_i$ 表示大用户集中用水量总和；$\sum l$ 表示干管总长度。

由式（4.1.5）可知，对于长度一定的干管，其比流量与用水量的多少相关，最高用水时和最大转输时的比流量不同，应分别予以计算。对于人口密度或房屋卫生设备条件不同的地区，要根据实际情况分别计算各区比流量，以得出更加真实的用水情况。

图 4.1　干管配水情况

但是，比流量将全部用水量均匀分布在干管上的计算方法，存在一定的缺陷，因为它忽视了沿线居民人口密度的差别，导致不能和各管段的实际用水量保持一致。为此提出另一种计算方法来更好地反映实际情况，该方法是采用该管段的供水面积来计算比流量，即将式（4.1.5）中的管段总长度 $\sum l$ 用供水区总面积 $\sum A$ 代替，得出单位面积上的比流量，也称为面积比流量 $q_A$。

$$q_A = \frac{Q - \sum Q_i}{\sum A} \qquad (4.1.6)$$

式中，$q_A$ 表示面积比流量；$Q$ 代表管网总设计用水量；$\sum Q_i$ 表示大用户总用水量；$\sum A$ 表示干管供水区计算总面积。

供水面积的计算常将街区按照等分角线的方法划分为梯形或三角形。具体方法将街区长边上的管段两侧供水面积按梯形计算。在街区短边上的管段两侧供水面积按三角形计算，如图 4.2 所示。这种方法可以较准确地得到给水管网的流量，缺点是计算工作量较大。对于干管周围供水区分布比较均匀、管距大致相同的管网，一般仅需要计算其长度比流量。

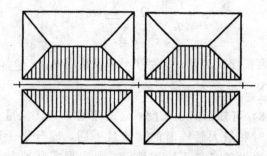

图 4.2　按供水面积求比流量

### 2．沿线流量

根据比流量可求出整个管网任一管段的沿线流量，即为比流量与所求管段总长度或覆盖的供水面积的乘积，公式如下：

$$q_1 = q_s l_{ij} \text{ 或 } q_1 = Aq_A \tag{4.1.7}$$

式中，$q_1$ 表示管段沿线流量；$l_{ij}$ 表示该管段的计算长度；$A$ 表示该管段覆盖的供水面积。

### 3．节点流量

管网中任一管段的总流量可分为该管段长度 $L$ 覆盖的配水区用户用水的沿线流量 $q_l$ 和后续管段所需水量的转输流量 $q_t$ 两部分。转输流量沿整个管段不变；沿线流量则随着管段沿线的不断配水，沿顺水流方向均匀逐渐减小，到管段末端沿线流量降为零。

如图 4.3 所示，对于 1－2 管段的起端 1 来说，其总流量等于传输流量 $q_t$ 与沿线流量 $q_l$ 的总和，到末端 2 则只剩下转输流量 $q_l$ 。

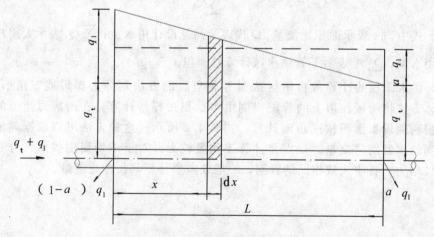

图 4.3　沿线流量折算成节点流量

按照沿线流量沿干管均匀分配的假设，通过管段 1—2 任意断面的流量为：

$$q_x = q_t + q_1 \frac{L-x}{L} = q_1(\gamma + \frac{L-x}{L}) \tag{4.1.8}$$

式中，$\gamma = \dfrac{q_t}{q_1}$。

根据水力学，管段 $\mathrm{d}x$ 中的水头损失为

$$\mathrm{d}h = aq_1{}^n (\gamma + \frac{L-x}{L})^n \mathrm{d}x \tag{4.1.9}$$

式中，$a$ 为管段比阻。

则流量变化的管段 $L$ 中沿程水头损失为

$$h = \int_0^L \mathrm{d}h = \int_0^L aq_x{}^n \mathrm{d}x = \int_0^L aq_1{}^n (\gamma + \frac{L-x}{L})^n \mathrm{d}x$$

$$= \frac{1}{n+1} aq_1{}^n [(\gamma+1)^{n+1} - \gamma^{n+1}]L \tag{4.1.10}$$

对于这种流量随传输距离发生变化的管段，难以精确给出管径和水头损失，为减少计算量，常将沿线流量 $q_1$ 转化成从管段两端节点流出的节点流量，该方法的具体步骤是求出一个从管段末端流出的等效节点流量 $\alpha q_1$（$\alpha$ 称为流量折算系数），该流量沿管线是一个确定值，使该流量的水头损失等于实际管线中的流量 $q_x$ 产生的水头损失。这样一来，管段沿线流量不再变化，就可根据该均匀流量 $q = q_t + \alpha q_1$ 来确定管径大小。流量 $q$ 通过管段 $L$ 段产生的沿程水头可表示如下

$$h = aLq^n = aLq_1{}^n (\gamma + \alpha)^n \tag{4.1.11}$$

根据 $q$ 和 $q_x$ 在管段 $L$ 产生的沿程水头损失相等的条件，令式（4.1.10）等于式（4.1.11），取水头损失公式中的指数 n=2，可得

$$\alpha = \sqrt{\gamma^2 + \gamma + \frac{1}{3}} - \gamma \tag{4.1.12}$$

由式（4.1.12）可知，流量折算系数 $\alpha$ 只与 $\gamma = \dfrac{q_t}{q_1}$ 有关，管网末端的管段传输流量 $q_t$ 等于零，所以 $\gamma = 0$，可得

$$\alpha = \sqrt{\frac{1}{3}} = 0.577 \tag{4.1.13}$$

而在管网起端的管段，因转输流量 $q_t$ 远远大于沿线流量，如 $\gamma \to \infty$，则流量折算系数

$$\alpha \to 0.50 \tag{4.1.14}$$

流量折算系数 $\alpha$ 随管段在管网中不同位置处的 $\gamma$ 值的不同而发生变化。

一般，在靠近管网起端的管段，因转输流量远大于沿线流量，$\alpha$ 值接近于 0.5；靠近管网末端的管段，转输流量基本为零，此时 $\alpha$ 的值要大于 0.5。通常统一按 $\alpha = 0.50$ 将沿线流量平均分配到管段两端的节点上，这样不可避免地会引入一些计算误差，但是已足够满足所需解决的工程问题的精度要求。于是管网任一节点的节点流量就表示为

$$q_i = \alpha \sum q_1 = 0.5 \sum q_1 \qquad (4.1.15)$$

式中，$q_i$ 表示节点流量。

式（4.1.15）表示任一节点 $i$ 的节点流量 $q_i$ 等于与该节点相连的各管段的沿线流量 $q_t$ 总和的一半。

管网的水力计算中，通常可以将工矿企业的用水流量作为用水大户节点流量。同样，对于企业内部的管网水力计算，也可将用水量大的车间的流量作为节点流量。这样，就将计算流量全部集中在了管网图中的各节点。集中流量可以单独在管网图上注明，也可以和折算流量一起作为总流量在相应的节点进行标注。一般以箭头的形式标明各节点的流量，以便于进一步计算。

因为供水设计流量已经全部化为节点流量，所以，算完整个管网节点设计流量后，可以用式（4.1.16）校验计算成果是否正确，即

$$\sum q_i = Q \qquad (4.1.16)$$

## 4.2 管网计算模型

由前面的内容可知，给水管网具有规模大、结构复杂多变的特点，为了对给水管网进行分析计算，通常将管网简化和抽象为管段和节点两类元素，简化和抽象的原则是可以正确地描述系统中各组成部分的拓扑关系和水力特性，称为给水管网的建模。将管段和节点赋予工程属性，从而可以采用水力学、图论和数学分析理论等对管网的规划设计进行描述和分析计算。

简化是指将管网中一些影响较小的给水设施去掉，只对管网中较重要的设施进行分析和计算；所谓抽象是指将管网中具有相同作用的设施进行总结、概括，将其共同特征、本质属性抽出，成为模型中的元素，而忽略其具体特征，只考虑它们的拓扑关系和水力特性。

给水管网的简化主要是对管线以及其他附属构筑物进行简化，简化的步骤、内容和结果往往会受到简化目的的不同而不同。

### 4.2.1 给水管网的简化

#### 1. 简化原则

对给水管网进行简化建模，目的是将工程实际问题转化为数学问题进行描述，为保证简化过程的科学性和准确性，就需要遵循一定的基本原则，下面将进行详细的介绍。

（1）宏观等效原则。即简化模型必须保留原来管网系统各构筑物之间的拓扑关系。宏观等效原则的应用要根据分析目标的不同来灵活应用，其结果会有一定的不同。例如，当目标是确定水塔高度或泵站扬程时，可以将并联的输水管作为一条管道进行简化考虑，但当目标是确定输水管的直径时，就必须单独考虑每根输水管的设计流量。

（2）小误差原则。管网的简化分析计算必然会引入一定的误差，但是需要对误差范围作出一定的限定。简化带来的允许误差需要根据实际工程情况来定。

#### 2 管线的简化

管线的简化比较复杂，人们在大量实践过程中总结了管线简化的方法，现介绍如下：

（1）对于支管、配水管、出户管等较小的管径可以根据管网规模予以删除，仅保留主干管线和干管线。次要管线、干管线和主干管线的确定要根据系统规模的大小或计算精度的要求来定，当系统规模小或计算精度要求高时，即使管径较小的管线也需要当作干管线予以计算，相反则可以将管径较大的管线定为次要管线予以简化。另外，如果采用先进的算法或者工具时，比如应用计算机进行计算，则可以将较小的管线予以考虑来提高计算精度。计算时考虑的管线越多，计算结果就越精确，相应的计算量也会越大。反之，计算时考虑的管线越少，计算误差就越大，但是可以减小计算的工作量。

（2）可以将两个相距较近的管线交叉点合并为一个交叉点予以简化，这样可以降低计算的复杂度，减小计算量。例如在实际工程项目中，为了施工便利和减小水流阻力，并不会使用四通管来连接两条交叉的管线，而用两个三通予以代替。但是计算过程中不必对两个三通分别进行计算，仍可按四通管来计算。

（3）对于管网中的阀门需要根据具体情况进行处理，若阀门处于打开状态，则可以将阀门忽略直接作为管线处理。若阀门处于关闭状态，则可以将管网在阀门处切断，进行分段计算。实际上，在简化模型中，对于全开和全闭的阀门都可以予以忽略。只有调节阀、减压阀等需要给予保留。

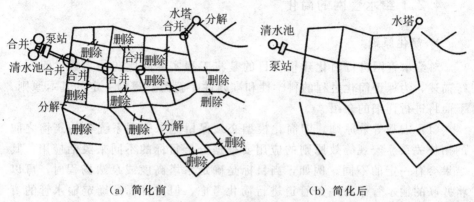

（a）简化前        （b）简化后

图 4.4　给水管网简化示意图

（4）对于管网中包含有不同材料和规格管道的管线，应采用水力等效原则将其等效为单一管材和规格。

（5）并列铺设的管线可根据计算目的的不同简化为单管线，其等效直径可根据水力等效原则给出。

（6）根据流量情况将给水系统拆分为多个相对独立的小系统，使计算复杂度尽量降低。

如图 4.4 为给水管网系统简化的示意图，按照上述原则将较小的支管删除、相邻的交叉点合并以及分解为独立系统等简化操作，从而使管网的分析计算大为简化。

### 3．附属设施简化的一般方法

给水管网的附属设施包括泵站、调节构筑物（水池、水塔等）、消火栓、减压阀、跌水井、检查井等，整个系统非常复杂，计算时可以按照一些原则对其进行简化。具体措施如下：

（1）系统中一些设施并不会对全局水力特性造成影响，如全开的闸阀、排气阀、泄水阀、消火栓、检查井等。水力计算时，这些设施可以安全地予以删除。

（2）将相同位置处功能类似的构筑物抽象概括予以简化，如可以将水塔、清水池、均和调节池等起水量调节的设施以及并联或串联工作的水泵或泵站予以合并。

## 4.2.2 给水管网模型元素

经过简化的给水管网还需要进一步对各组成部分的特性进行归纳，将其抽象为管段和节点等元素，从而得到给水管网的计算模型。在管网模型中，管段与节点是相互联结的，如图 4.5 所示。

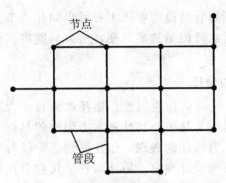

**图 4.5　由节点和管段组成的管网模型**

### 1. 管段

管段是对管线和泵站进行抽象简化之后的一种模型，它只与管网中水量的传输有关，而不涉及水量的变化，即流量在某一管段中是恒定的。实际中，管网中的流量因沿线用户的用水等情况是沿管线变化的，这时可根据水力等效的原则将沿线流量的变化等效为管段的两端节点流量，通常沿线配水流量平均分为两份转移到管段两端节点上，从而避免管段发生流量变化。但是管段的水力计算是需要考虑水流的能量变化的，比如需要考虑摩阻对水流造成的水头损失和泵站对水流能量的提升等。给水管网的处理方法误差相对较小，这样的处理可以满足实际工程情况的误差要求。

管段长度的确定应根据大流量流入或流出点进行截断，比如一些用水大户产生的集中流量变化点，应以集中流量点作为节点截断管段，避免大流量点的位置改变造成的较大的水力计算误差。同时，对于较长的管线应根据实际沿线流量大小将其分成若干条短的管段，以减小沿线流量折算成节点流量时引入的误差。

泵站、减压阀、跌水井、非全开阀门等并不需要作为节点来考虑，它们只会对水的能量变化起作用，并不会改变水的流量，即与管段的特性相同，可以作为管段的一部分来进行处理。

### 2. 节点

节点是对管线交叉点、端点或大流量出入点进行抽象概括形成的模型。节点只涉及水量的变化，并不会对水的能量进行提升或造成损失，即节点上水的能量（称为水头值）是确定的，但节点可以有流量的流入和流出。如用户用水的流出、管线交叉点的水流分流和清水池等构筑物的水量调节等。

对于泵站、减压阀、跌水井及阀门等对水流起能量调节的构筑物应避免置于节点上，即使这些设施就位于节点之上，在管网简化模型中也必须将其设置于管段上。如管网模型中吸水井可以简化为节点，但是从水池吸水的给水泵站因为对水流能量造成改变，所以只能将其简化置于靠近吸水井节点的管段上。

### 3. 管段和节点的特征

管段和节点的特征可从构造属性、拓扑属性和水力属性等三个方面进行描述。其中构造属性又是拓扑属性和水力属性的基础，水力属性是管段和节点在系统中的水力特征的表现，拓扑属性是管段与节点之间的关联关系。构造属性通过系统设计确定，拓扑属性采用数学图论表达，水力属性则运用水力学理论进行分析和计算。

（1）管段的构造属性如下：

1）管段长度，简称管长，单位为 m。

2）管段直径，简称管径，单位为 m 或 mm，对于非圆管而言，可以采用与水力半径相等的圆管直径来等效表示，称为当量直径。

3）管段粗糙系数，由管道材料决定，是水头损失的重要因素。

（2）管段的拓扑属性如下：

1）管段方向，是为管网图绘制的坐标指北方向，是人为设定的参数，通常选择管网中加压的方向作为管段方向。

2）起端节点，简称起点，是水流流入的管段端点。

3）终端节点，简称终点，与起点对应是水流流出的端点。

（3）管段的水力属性如下：

1）管段流量，描述单位时间内流过管段截面的水量，是一个有符号的参数。当水流流向与管段方向一致时取正值，相反时取负值，常用单位为 $m^3/s$ 和 $L/s$。

2）管段流速，表示水流在管段中的流动速度，也是一个有符号的参数，符号的选择与管段流量一致，常用单位为 m/s。

3）管段扬程，描述的是泵站提升水流能量的能力，也是有符号的参数，符号的选择与管段流量一致，常用单位为 m。

4）管段摩阻，表示管壁施加于流过其中的水流的阻力大小。

5）管段压降，表示从管段起点到终点水流机械能的减少量，因为忽略了流速水头，所以称为压降，表示压力水头的降低量，单位为 m。

（4）节点的构造属性如下：

1）节点高程，即节点所在地点的地面标高，单位为 m。

2）节点位置，即在地形图上的平面坐标 $(x, y)$。

（5）节点的拓扑属性包括：

1）节点关联的管段及其方向。

2）节点的度，是指与节点关联的管段数。

（6）节点的水力属性如下：

1）节点流量，表示单位时间内该节点流入或流出管段的水量，是一个带有符号的参量，取流出节点的方向为正值，取流入节点的方向为负值。

2）节点水头，表示流过该节点的单位重量的水流带有的机械能，单位为 m，对于非满流，节点水头即管渠内水面高程。

3）自由水头，指连接配水管的节点处水压高出地面的水头，单位为 m。

### 4.2.3 管网模型的标识

给水管网在经过简化和抽象之后，还应对管段和节点的构造属性、拓扑属性和水力属性等进行标识，通常包括以下内容。

#### 1. 节点和管段编号

通常将节点和管段按顺序分别进行编号、命名，如 1，2，3，…，以便于计算处理。常将节点编号标记为带小括号的整数，如 (1)，(2)，(3)，…；将管段编号标记为带中括号的整数，如 [1]，[2]，[3]，…，以便于区分。

#### 2. 管段方向的设定

管段方向是一个很重要的参量，其方向的选择决定了管段的流量、流速、压降等属性的方向，是管网水力计算的坐标系，只有在给出管段设定方向后，才能确定管段的起点和终点节点。

需要注意的是，管段方向并不一定与管段中水流方向一致，因为管段方向设定后是固定不变的，而有些配水管段中的水流方向却不是一直不变的。若管网中实际水流方向与设定的管段方向一致时，标记的水流方向为正值，不一致时，就为负值。

从理论上讲，管段方向可以设定为任意方向，但为了计算的方便，应尽量选取水流方向为管段的设定方向。

#### 3. 节点流量的方向设定

规定水流流出节点的方向为正方向，水流流入节点的方向为负方向，通常在管网模型中加一箭头表示流量方向。对于给水管网的水源节点，其节点流量恒为负。

需要指出的是，对于某些国家设定流入节点流量的方向为正，与我国的节点流量符号规定正好相反。参阅国外文献和使用国外管网软件计算时要特别注意。

对图 4.5 所示的管网模型进行标识后，可得到如图 4.6 所示完整的管网模型图。

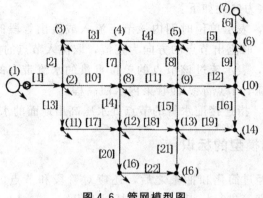

图 4.6　管网模型图

### 4.2.4 树状管网与环状管网

#### 1. 路径与回路

在管网图中，从节点 $v_0$ 到节点 $v_k$ 经过的没有重复节点与管段的集合称为路径。路径所含管段数 $k$ 称为路径的长度，$v_0$ 与 $v_k$ 分别称为路径的起点和终点，路径的方向设定为从 $v_0$ 到 $v_k$ 的方向。如图 4.7 中，由节点 1 到节点 7 的一条路径为（1）、（2）、（3）、（4）、（7），节点 1 就称为起点，节点 7 就称为终点，方向如图中箭头所示。管段可以看作为路径的特例，其两个端点就是该段路径的起点和终点。

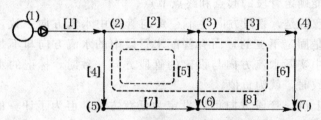

图 4.7　管网图路径示意图

在管网图中，从一点出发再回到原点的路径称为回路，也称为环。回路的方向可以任意设定，通常以顺时针方向为正。若两个回路有一条公共管段或路径，则它们可以合并为一个更大的回路。不包围任何节点或管段的环称为基本环或自然环，由一个以上环组成的环称为大环。根据管网图中是否含有环，可将管网分成环状管网和树状管网两种基本形式。

如图 4.7 所示，（2）、（3）、（6）、（5）、（2）为一个回路。

#### 2. 环状管网

环状管网将管道纵横相连成为环状的给水管网布置形式。对于一个环状管网，其节点数 $N$，管段数 $M$，连通分支数 $P$ 以及内环数 $L$ 之间存在如下关系：

$$L + N = M + P \qquad (4.2.1)$$

式（4.2.1）称为欧拉公式，对于连通的环状管网，上式又可表示为：

$$M = L + N - 1 \qquad (4.2.2)$$

**3. 树状管网**

树状管网是由一个父节点、多个子节点向外延伸而互不相连的管段组成的管网系统，如图 4.8 所示，通常称这些管段为树枝，适用于排水管网或小型的给水管网。

树状管网具有如下性质：

（1）在树状管网中，任意两节点之间有且仅有一条路径。

（2）连接任意两个节点可形成一个回路。

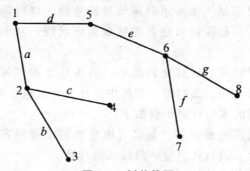

图 4.8　树状管网

（3）树状管网中没有回路（$L = 0$），所以其节点数 $N$ 比树枝数 $M$ 多一个：

$$M = N - 1 \qquad (4.2.3)$$

从连通的管网图中删除若干条管段后，使之成为树状管网，则该树状管网称为原管网图的生成树。生成树包含了连通管网图的全部节点。

生成树中保留的管段称为树枝，被删除的管段称为连枝，如图 4.9 中，实线 $a$、$b$、$c$、$d$、$e$、$g$、$f$ 为树枝，虚线 $i$、$j$、$h$ 为连枝。对于画在平面上的管网图，其连枝数等于环数 $L$。删除连枝要满足两个条件：

1）保持原管网图的连通性。

2）必须破坏所有的环或回路。

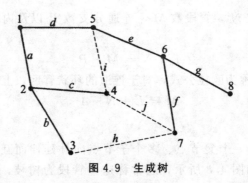

图 4.9　生成树

# 4.3 树状网水力计算

一般小型给水系统和工矿企业的给水管网在建设的初期往往采用单水源树状网，以尽快满足供水需求和降低投资总额。以后随着城市建设规模和用水量的发展，再根据需要逐步连接成为环状网，从而形成多水源环状给水管网。

对于单水源树状网的计算比较简单，因为从水源到树状管网中任一节点的水流路径仅有一条，此时每一管段中的计算流量也是唯一确定的。

单水源树状网的水力计算步骤如下：

（1）在求得管网的最高日、最高时流量和整个管网各管段配水长度或供水面积的基础上，进行比流量、沿线流量计算。

（2）求管网各节点流量。

（3）确定管网的控制点。控制点作为管网中最不利的点，在管网设计中非常重要，在可以保证该点水压达到最小服务水头时，就可以保证整个管网供水地区的水压要求。控制点的选择与管网水头损失、供水地区几何高差、服务水头等密切相关，通常需要选择几个点进行比较后确定。如果选择的控制点会导致某些地区水压不足，应重新选定控制点进行计算。

（4）选定管网的主干管线。

（5）求管网的各管段流量，根据节点流量平衡原理，无论从二级泵站起顺水流方向推算，还是从控制点起向二级泵站方向推算，各管段流量值应该是确定的。

（6）根据管段流量和经济流速确定管径，并确定管网的各管段的水头损失和节点水压。

（7）将主干管线上各管段的水头损失相加，求出总水头损失，计算二级泵站所需扬程或水塔所需高度。

（8）确定支管线的起点、终点的水压标高，将主干管线计算出的干管上有支管线接出的节点的水压标高作为计算支管线起点的水压标高，而支线终点的水压标高等于终点的地面标高与最小服务水头之和。

（9）求支管线的水力坡度，将支线起点和终点的水压标高差除以支管线长度即得。

（10）确定支管线的各管段管径，根据支管线每一管段的流量并参照该管段水力坡度选定相近的标准管径。

# 4.4 环状网水力计算

环状管网的设计计算，是在管网图形简化的基础上进行的。与枝状管网一样，仍然是依据节点流量进行管段流量分配，然后确定管径和水压。管径的确定与枝状管网是一样的，但管段的流量分配及水头损失的计算有所不同。

## 4.4.1 环状管网平差的基本概念

### 1. 环路闭合差的含意

在实际设计计算中，是很难达到闭合环路内水头损失的平衡条件要求的。通常在闭合环路内，沿顺时针方向的水头损失与逆时针方向水头损失，会有一定的差值，我们称这一差值为环路闭合差。若闭合差为正，即 $\Delta h > 0$，说明水流顺时针方向的各管段中所分配的流量大于实际流量值，水流逆时针方向各管段中所分配的流量小于实际流量值。

### 2. 环路闭合差的控制条件

（1）手工计算时，对于基环，其环路闭合差（$\Delta h$）要求小于等于 0.5 m。

（2）手工计算时，对于大环，也就是指包含有基环的环，其环路闭合差（$\Delta h$）要求小于等于 1.0 m。

（3）当采用电算时，无论大小环，其闭合差均可达到所需精度，一般规定环路闭合差（$\Delta h$）为 0.01～0.05 m 表示满足闭合环路内水头损失的平衡条件。

### 3. 管网平差的定义及调整方法

（1）定义。对环状管网内的流量进行重新分配，从而消除闭合差，这个计算过程就称之为管网平差。

（2）调整方法。当 $\Delta h > 0$，表明环中顺时针方向各管段的初步分配流量过大，而环中逆时针方向各管段的初步分配流量过小；反之亦然。

这一增减流量值称为校正流量 $\Delta q$（其方向与 $\Delta h$ 的方向相反）。对调整后的管段流量重新进行水头损失计算并比较管网平差。重复这一过程，直至各闭合环路均达到闭合差精度要求，此时可停止进行管网平差。由于不同方向管段所调整的流量值均为校正流量，因此调整后的节点流量仍应满足连续性方程（4.1.2）。

校正流量 $\Delta q$ 可按式（4.4.1）估算：

$$\Delta q = -\frac{\Delta h}{2 \sum S_{ij} \mid q_{ij} \mid} = \frac{\Delta h}{2 \sum \mid \frac{h_{ij}}{q_{ij}} \mid} \tag{4.4.1}$$

若闭合差环路中，各管段的管径与长度大致相同，校正流量（$\Delta q$）亦可按公式（4.4.2）近似求得：

$$\Delta q = -\frac{q_{\mathrm{p}} \Delta h}{2 \sum \mid h \mid} \tag{4.4.2}$$

式中，$q_{\mathrm{p}}$ 代表环路中各管段流量平均值。

### 4.4.2 环状管网的设计计算

#### 1. 环状管网设计计算的步骤

（1）按城镇管网布置图，进行图形简化，确定环数。

（2）绘制管网平差运算图，对各节点和管段顺序编号，标明管段长度和节点地形标高。

（3）按最高日、最高时用水量计算节点流量，并在节点旁引出箭头，注明节点流量，并在相应节点上同时标注用水大户的集中流量。

（4）初步选定控制点，拟定水流方向，接着进行流量的初步分配。

（5）根据初步分配的流量，根据经济流速原则选用管网各管段的管径。在供水水源点（如水厂二级泵站、水塔等）附近的管网流速通常要略高于经济流速或直接采用上限；在管网末端的流速则可以选择小于经济流速或直接采用下限。

（6）依据所分配的流量及按经济流速选定的管径，进行各管段的水头损失（$h$）计算，即 $h = ij$。同时计算各个环内的水头损失代数和，即各环闭合差 $\Delta h$。

（7）校核。若所计算得出的闭合差 $\Delta h$ 不符合闭合差精度要求，须用校正流量进行管网平差调整。调整的顺序通常为先大环后小环。

（8）经调整后，若闭合差仍不满足闭合差精度要求，则继续调整试算，直至各环闭合差达到闭合差精度要求为止。

（9）求出水塔高度和水泵扬程，可根据控制点要求的最小服务水头和从水泵到控制点管线的总水头损失确定。

（10）根据管网各节点的压力和地形标高，绘制等水压线和自由水压线图。

**2.环状管网平差的方法**

（1）哈代-克罗斯法。哈代-克罗斯法是目前广泛应用的管网分析方法，同时也是最早提出的分析方法，也称为洛巴切夫法。

1）含义。对根据初分配的管段流量计算得到各基环的闭合差不满足规定的精度要求时，对各基环同时引入校正流量。因校正流量 $\Delta q$ 与闭合差 $\Delta h$ 方向相反，所以凡是水流方向与校正流量方向一致的管段，需要加上校正流量；反之则减去校正流量，这样就得到了经第一次调整后的管段流量，重新计算环内各管段的水头损失，得到新的闭合差 $\Delta h$，直至新的闭合差 $\Delta h$ 满足精度要求，否则重新引入新的校正流量进行计算。对于两相邻环的公共管段，应按相邻两环的校正流量符号，考虑相邻环校正流量的影响。

2）计算步骤

①依据城镇实际供水情况，确定管段中水流量方向，然后依据节点连续性方程进行流量分配，同时还应考虑的供水可靠性与经济合理性的要求，这样就可以得到初步的管段流量分配。

②再根据流量分配情况计算水头损失。

③各环取水流顺时针方向的水头损失为正，逆时针方向的水头损失为负，计算各环管段的水头损失代数和。若水头损失代数和不等于零，则其差值即为第一次闭合差 $\Delta h^{(1)}$；若 $\Delta h^{(1)}$ 满足精度要求，则停止计算，否则按下一步骤进行。

若 $\Delta h^{(1)} > 0$，说明环内顺时针方向的分配流量过大，应增大逆时针方向的分配流量；反之，若 $\Delta h^{(1)} < 0$，应增加顺时针方向的分配流量。

④计算各环内所有管段的平均流量或管段摩阻，按公式（4.4.1）及（4.4.2）对校正流量进行计算。闭合差和校正流量符号相反。

⑤将校正流量以与管段流向同向时加入，异向时扣减的方法进行各管段流量的调整，得到第一次校正后的管段流量。

⑥利用第一次校正后的管段流量，再回到第二步重新计算，整个迭代过程直至各环闭合差达到精度要求时结束。

3）流量调整。图 4.10 是一个具有两个基环的环状管网，根据初步分配流量求出两个环的闭合差为

$$环 I：\Delta h_I = (h_{1-2} + h_{2-5}) - (h_{1-4} + h_{4-5}) < 0 \tag{4.4.3}$$

环Ⅱ：$\Delta h_I = (h_{2-3} + h_{3-6}) - (h_{2-5} + h_{5-6}) < 0$　　　　　（4.4.4）

在图 4.10 中，闭合差 $\Delta h_I$、$\Delta h_{II}$ 用逆时针方向的箭头表示。闭合差 $\Delta h_I$ 的方向为负，相应的校正流量 $\Delta q_I$ 的方向为正，在图 4.10 中用顺时针方向的箭头表示；校正流量 $\Delta q_{II}$ 的方向为正，在图 4.10 中用顺时针方向的箭头表示。

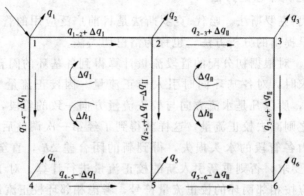

图 4.10　环状管网流量调整

校正流量为

环Ⅰ：

$$\Delta q_I = \frac{q_p \Delta h}{2 \sum h} = \frac{1}{2} \times \frac{|q_{1-2}| + |q_{2-5}| + |q_{1-4}| + |q_{4-5}|}{4} \times$$

（4.4.5）

$$\frac{\Delta h_I}{|h_{1-2}| + |h_{2-5}| + |h_{1-4}| + |h_{4-5}|}$$

环Ⅱ：

$$\Delta q_{II} = \frac{q_p \Delta h}{2 \sum h} = \frac{1}{2} \times \frac{|q_{2-3}| + |q_{3-6}| + |q_{2-5}| + |q_{5-6}|}{4} \times$$

（4.4.6）

$$\frac{\Delta h_{II}}{|h_{2-3}| + |h_{3-6}| + |h_{2-5}| + |h_{5-6}|}$$

计算整个管段流量时，在环Ⅰ内，因管段 1—2 和 2—5 的初步分配流量与 $\Delta q_I$ 方向相同，须在管段 1—2 和 2—5 加上 $\Delta q_I$，管段 1—4 和 4—5 的初步分配流量与 $\Delta q_I$ 方向相反，则在管段 1—4 和 4—5 减去 $\Delta q_I$；同样，在环Ⅱ内，因管段 2—3 和 3—6 的初步分配流量与 $\Delta q_{II}$ 方向相同，须在管段 2—3 和 3—6 上加上 $\Delta q_{II}$，管段 2—5 和 5—6 的初步分配流量与 $\Delta q_{II}$ 方向相反，则在管段 2—5 和 5—6 减去 $\Delta q_{II}$。但由于管段 2—5 是公共管段，同时受到环Ⅰ和环Ⅱ校正流量的影响，调整后的流量为

$$q'_{2-5} = q_{2-5} + \Delta q_I - \Delta q_{II}$$　　　　　（4.4.7）

由于初步分配时已符合节点流量平衡条件，即满足了连续性方程，故

每次调整流量时能自动满足此条件。

4）说明。在流量平差的调整过程中，某一环的闭合差符号可能会改变，由逆时针方向变为顺时针方向，或刚好相反。甚至闭合差的绝对值还会增大，这主要是因为在平差中所采用的校正流量计算公式，在其公式推导过程中，忽略了 $\Delta q$ 的平方项（$\Delta q^2$）及各环相互影响的结果。

（2）简化法。

1）简化法，又称最大闭合差的环校正法，是指在管网计算第次迭代过程时，不需对各环同时校正，而只是对整个管网中闭合差最大的一部分环进行校正，这样的校正平差方法称为简化法或最大闭合差的环校正法。

2）简化法与哈代-克罗斯法所不同的是其在平差时，只是对闭合差最大的一个环或若干个环进行计算，而不是全部环，这样减少了许多计算工作量，尤其是在采用手工计算时，此方法突显其优势。

通过对大环的平差，与大环异号的相邻环，其闭合差会相应减小，这也就是选择大环得以加速平差结果的关键所在。

3）计算步骤：①与哈代-克罗斯法计算步骤中的前 3 步一样。流量分配、管段水头损失计算、闭合差计算。②选择闭合差大的一个环或将闭合差较大且方向相同的相邻基环连成大环。对环数较多的管网可能会有几个大环。③对选定的大环进行平差，即校正大环中各管段的流量，并依据校正后管段的流量计算水头损失，以确定大环的闭合差，直到大环闭合差满足精度要求为止。

大环闭合差等于各基环闭合差之和。

4）当两环闭合差方向相同时（如均为逆时针），$\Delta h_I < 0$，$\Delta h_{II} < 0$ 则大环 $\Delta h_{III} < 0$，为逆时针。

以图 4.10 为例说明。前述已说明在图 4.10 中有两个基环，在利用哈代-克罗斯法分别对两个基环引入校正流量 $\Delta q_I$ 和 $\Delta q_{II}$ 时，环 I 与环 II 两基环的闭合差均有减少，但由于公共管段 2-5 的校正流量为 $\Delta q_{II} - \Delta q_I$，相互抵消，使环 I 环 II 的闭合差降低幅度较小，平差效率较低。若只对环 I 引入校正流量 $\Delta q_I$，则环 I 闭合差 $\Delta h_I$ 会降低，但对环 II 来说，由于只是管段 2-5 的流量变化，则 $\Delta h_I$ 相反增大，反之亦然。这样的平差效果较差。那么，当采用最大闭合差的环校正法时，情况就有所不同了。我们将图 4.10 中的环 I 与环 II 两基环构成一个大环 III（1-2-3-6-5-4-1）。对其大环 III 引入校正流量 $\Delta q_{III}$，当大环 III 闭合差降低时：环 I 与环 II 两基环的闭合差绝对值也相应降低。这就说明了，对大环校正，多环受益，平差效果好。

5）当两环闭合差方向相反时，见图 4.11，$\Delta h_I > 0$，$\Delta h_{II} < 0$，且 $\Delta h >$|

$\Delta h_{\mathrm{II}} |$，则 $\Delta h_{\mathrm{III}} = \Delta h_{\mathrm{I}} - \Delta h_{\mathrm{II}} > 0$。这时按两种情况考虑：①对大环 Ⅲ 引入校正流量 $\Delta q_{\mathrm{III}}$，大环闭合差降低的同时，与大环闭合差同号的环Ⅰ闭合差随之降低，但和大环异号的环Ⅱ闭合差的绝对值反而增大，故此时不宜做大环平差。②若只对单环校正，如对环Ⅰ引入校正流量 $\Delta q_{\mathrm{I}}$，则 $\Delta h_{\mathrm{I}}$ 会降低，因公共管段 2－5 流量的变化，使邻环Ⅱ闭合差绝对值也相应减小。

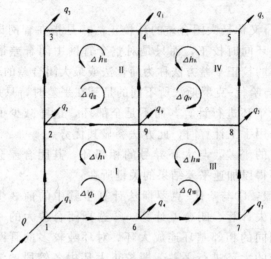

图 4.11　环状管网流量调整

由此可见，当两基环闭合差方向相同时，对基环组成的大环引入校正流量进行平差；或当两基环闭合差方向相反时，对两基环中闭合差大的基环引入校正流量，进行平差，则一环平差，多环受益。

对于大型给水管网，若同时存在几个大环平差时，应先对其中闭合差最大的环进行校正，因为它的闭合差校正过程对系统的影响最大，甚至可能会导致其他环的闭合差方向改变。如先对闭合差小的大环进行调整计算，其调整效果并不会对其他大环造成多大的影响，这将会增加计算次数。

在采用简化法计算时，关键是大环的选择，而且在每一次校正平差后，重新调整前，均要求重新选定大环。其校正流量仍可采用公式 （4.4.1）和公式 （4.4.2）。

### 3. 多水源环状管网水力计算

多水源环状管网的供水形式在城镇，尤其是大城市运用较多。多水源管网的水力计算原理基本与单水源管网相同。但从第一节内容我们知道，对于多水源来说由于某些管段可能同时径流各水源的流量，并随各水源所输入流量的大小、水压力的高低不同而流量分配不同。

从图 4.12 可看出：当城市管网处于用水高峰期，水泵站和水塔共同工作，这时属于多水源管网的供水形式。当城市管网处于用水低峰期，水塔不向管网供水，整个管网供水完全由水泵站负责，同时水泵站还担负有向水塔供水的任务，即管网处于最大转输状态，这时属于单水源管网的供水形式。

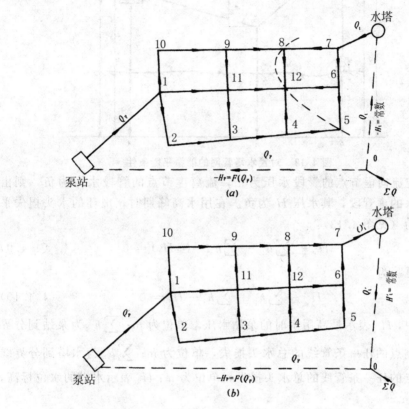

**图 4.12 对置水塔的工作情况**

对多水源管网引入虚环可使其变成单水源管网。对虚环中的虚节点的位置可任意设定，其水压可设为零，同时，由于虚管中无水流通过，也就是说虚管段无流量，没有水头损失，只表示按某一基准面算起的水压值（如水泵扬程或水塔高度）。

如图 4.12（a）所示，在用水高峰期，从虚节点 0 流向泵站的流量 $Q_p$ 即为泵站的供水量。此时水塔也向管网供水，则虚节点 0 流向水塔的流量 $Q_t$ 即为水塔的供水量。这时虚节点 0 满足的流量平衡条件为：

$$Q_p + Q_t = \sum Q \qquad (4.4.8)$$

即各水源供水量之和等于管网的最高时用水量。

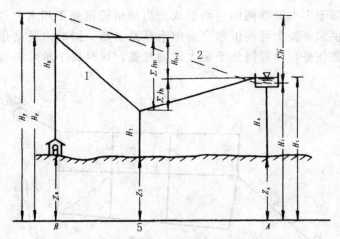

**图 4.13　对置水塔管网的能量平衡条件**

假定流向虚节点的管段水压为正，流离虚节点的管段水压为负，则由泵站供水的虚管段，其水压 $H$ 为负。在用水高峰期时，虚环的水头损失平衡条件为（见图 4.13）：

$$-H_p + \sum h_p - \sum h_t - (-H_t) = 0 \qquad (4.4.9)$$

也可写为

$$H_p - \sum h_p + \sum h_t - H_t = 0 \qquad (4.4.10)$$

式中，$H_p$ 表示最高用水时的泵站水压，单位为 m；$\sum h_p$ 为泵站到分界线上控制点的任一条管线的总水头损失，单位为 m；$\sum h_t$ 为水塔到分界线上控制点的任一条管线的总水头损失，单位为 m；$H_t$ 表示水塔的水位标高，单位为 m。

如图 4.12（b）所示，在用水低峰期，即最大转输时的虚节点流量平衡条件为（见图 4.13）：

$$Q'_p = Q'_t + \sum Q' \qquad (4.4.11)$$

式中，$Q'_p$ 表示最大转输时的泵站供水量，单位为 L/s；$Q'_t$ 表示最大转输时进入水塔的流量，单位为 L/s；$\sum Q'$ 为最大转输时管网用水量，单位为 L/s。

此时，虚环在最大转输时的水头损失平衡条件为：

$$H'_p = H'_t + \sum h' \qquad (4.4.11)$$

式中，$H'_p$ 表示最大转输时的泵站水压，单位为 m；$\sum h'$ 为最大转输时从泵站到水塔的总水头损失，单位为 m；$H'_t$ 表示最大转输时的水塔水位标高，单位为 m。

在多水源环状管网的计算中，由于多个配水源与管网是联合工作的，因此在进行管网平差时，将虚环和实环视为一个整体，同时进行平差。闭合差和校正流量的计算方法与单水源管网相同。管网计算结果需要满足一些基本条件：

（1）节点流量的流出量和流入量总和等于零，包括虚流量，即满足式（4.1.2）所示的连续性方程。

（2）每环（包括虚环）各管段的水头损失代数和为零，即满足是式（4.1.4）所示的能量方程。

（3）各配水水源在分界线上各点水压应相同，从各配水水源至供水分界线上控制点的沿线水头损失之差，应等于水源的水压差。

# 第5章 给水系统设计

## 5.1 城市用水量估计

### 5.1.1 城市用水量分类和用水量定额

给水系统规模由城市用水量决定，城市用水量包括了城市规划可容纳的居民的生活用水、公共设施的用水、工矿企业的用水及其他用水的水量总和，可以细分为以下几个部分：

(1) 城市居民生活用水量，包括饮用、洗涤、植物灌溉等。

(2) 公共设施用水量，包括学校、医院、体育场、剧院等。

(3) 工矿企业用水量包括了生产用水量及员工生活用水量。

(4) 保障消防安全的用水量。

(5) 市政用水量，主要用来浇洒道路和绿化灌溉。

(6) 还必须预留一些不可预见以及给水管网漏失的水量。

表 5.1　居民生活用水定额　　　　　单位：L/（人·d）

| 城市规模<br>用水<br>情况<br>分区 | 特大城市 | | 大城市 | | 中、小城市 | |
|---|---|---|---|---|---|---|
| | 最高日 | 平均日 | 最高日 | 平均日 | 最高日 | 平均日 |
| 一 | 180～270 | 140～210 | 160～250 | 120～190 | 140～230 | 100～170 |
| 二 | 140～200 | 110～160 | 120～180 | 90～140 | 100～160 | 70～120 |
| 三 | 140～180 | 110～150 | 120～160 | 90～130 | 100～140 | 70～110 |

在城市用水量规划设计中，上述各类用水量总和称为城市综合用水量，居民生活用水量和公共设施用水量之和称为城市综合生活用水量。

我国对不同类别的用水量设计规范作出了相关规定，制定了用水量标准。例如，中华人民共和国国家标准《室外给水设计规范》（GB 50013－2006）中规定了按照供水人口计算的居民生活用水定额和综合生活用水定额，见表5.1和表5.2。工业企业用水量可根据国民经济发展规划，结合现有工业企业用水资料和产业用水量定额分析确定。

工程设计人员应根据城市的地理位置、用水人口、水资源状况、城市性质和规模、产业结构、国民经济发展和居民生活水平、工业回用水率等因素设计城市用水量。

表 5.2  综合生活用水定额  单位：L/（人·d）

| 用水情况<br>分区 | 特大城市 | | 大城市 | | 中、小城市 | |
|---|---|---|---|---|---|---|
| | 最高日 | 平均日 | 最高日 | 平均日 | 最高日 | 平均日 |
| 一 | 260～410 | 210～340 | 240～390 | 190～310 | 220～370 | 170～280 |
| 二 | 190～280 | 150～240 | 170～260 | 130～210 | 150～240 | 110～180 |
| 三 | 170～270 | 140～230 | 150～250 | 120～200 | 130～230 | 100～170 |

## 5.1.2 用水量表达和用水量变化系数

### 1. 用水量的表达

由于用户用水量是时刻变化的，设计用水量只能按一定时间范围内的平均值进行计算，通常用以下方式表达：

（1）平均日用水量：是指一段时间（以天为单位）内总用水量除以天数得到的数值。通常应选取在规划年限内，用水量最多的年份来计算，比如规划容纳人口数、企业规模达到峰值的年份。该值一般作为水资源规划和确定城市设计污水量的依据。

（2）最高日用水量：表示在用水量最多的一年内选取可能用水量最大的某一天的总用水量。该值一般作为取水工程和水处理工程规划和设计的依据。

（3）最高日平均时用水量：指最高日用水量在 24 小时内的平均用水量。

（4）最高日、最高时用水量：指最高日用水量的那一天当中，可能用水量最大的那一小时的用水量。该值一般作为给水管网工程规划与设计的依据。

### 2. 用水量变化系数

居民生活用水、企业生产用水、消防用水、市政用水等用水量都是时间的函数，并不是固定不变的，它们的变化幅度和规律都有各自不同的特点。

生活用水量随着生活习惯、气候和人们生活节奏等变化，如假期比平日高，夏季比冬季高，白天比晚上高。从我国各城镇的用水统计情况可以看出，城镇人口越少，工业规模越小，用水量越低，用水量变化幅度越大。

工业企业生产用水量的变化一般比生活用水量的变化小，少数情况下变化可能很大，如化工厂、造纸厂等，生产用水量变化就很少，而冷却用水、空调用水等，受到水温、气温和季节影响，用水量幅度变化很大。

用水量的变化还是有一定的规律可循，通常采用下述的变化系数和变化曲线来描述。

(1) 用水量变化系数。实际生活中，通常采用日变化系数 $K_d$ 来表示每天的用水量变化的幅度，即最高日用水量与平均日用水量的比值，其表达式如下：

$$K_d = 365 \frac{Q_d}{Q_y} \tag{5.1.1}$$

式中，$Q_d$ 表示最高日用水量（m³/d）；$Q_y$ 表示全年用水量（m³/a）。

在给水工程规划和设计初期时，应先通过调查估计该地区最高日用水量，然后确定日变化系数，最后就可以根据式（5.1.1）计算出全年用水总量和平均日用水量，即：

$$Q_y = 365 \frac{Q_d}{K_d} \tag{5.1.2}$$

$$Q_{ad} = \frac{Q_d}{K_d} \tag{5.1.3}$$

式中，$Q_{ad}$ 表示平均日用水量（m³/d）。

可以用时变化系数来描述一天当中每小时用水量的变化幅度，表示为最高时用水量与平均时用水量的比值，记作 $K_h$，即：

$$K_h = 24 \frac{Q_h}{Q_d} \tag{5.1.4}$$

式中，$Q_h$ 表示最高时用水量（m³/h）。

根据最高日用水量和时变化系数，可以计算最高时用水量：

$$Q_h = K_h \frac{Q_d}{24} \tag{5.1.5}$$

(2) 用水量变化曲线。用水量变化系数只能表示一段时间内用水量的变化幅度，想要了解更详细的用水量变化规律，可以绘制用水量变化曲线。用水量变化曲线是用水量随时间变化而绘制的曲线，即以时间 $t$ 为横坐标、以该时刻对应的用水量 $q(t)$ 为纵坐标绘制的曲线。根据设计需要，可以绘制年用水量变化曲线、月用水量变化曲线、日用水量变化曲线、小时用水量变化曲线和瞬时用水量变化曲线。在供水系统运行管理中，安装自动记录和数字远传水表或流量计，能够连续地实时记录一个区域或用户的用水量，提高供水系统管理的科学水平和经济效益。图 5.1 为某供水区的 7 日用水量在线记录曲线，表示该区域从星期一到星期日的用水量变化情况和规律。

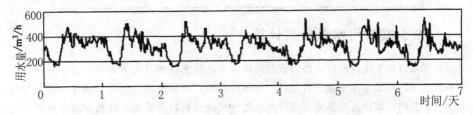

图 5.1　某供水区的 7 日用水量在线记录曲线

给水管网工程设计中，要求管网供水量时刻满足用户用水量，适应任何一天中 24 小时的变化情况，经常需要绘制小时用水量变化曲线，特别是最高日用水量变化曲线。绘制 24 小时用水量变化曲线时，用横坐标表示时间，纵坐标也可以采用每小时用水量占全日用水量的百分数。采用这种相对表示方法，有助于供水能力不等的城镇或系统之间相互比较和参考。

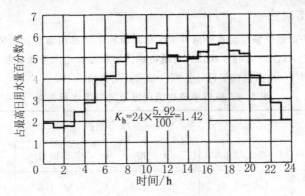

图 5.2　用水量变化曲线

图 5.2 为某城市的用水量变化曲线，从图中看出，最高时是上午 8～9 点，最高时用水量比例为 5.92%。由于一日中的小时平均用水量比例为 100%/24 = 4.17%，可以得出，时变化系数为 $K_h = 1.42$。

用水量变化曲线一般根据用水量历史数据统计求得，在无历史数据时，可以参考附近城市的实际资料确定。

《城市给水工程规划规范》（GB 50282－2016）给出了各类城市用水量的日变化系数的范围，见表 5.3。应结合给水工程的设计规模、城市所处地理位置、气候条件、居民生活习惯、室内给水设施和工业生产情况等取值。当有本市或相似城市用水量历史资料时，可以进行统计分析，更准确地拟定日变化系数。

表 5.3 各类城市用水量日变化系数

| 特大城市 | 大城市 | 中等城市 | 小城镇 |
|---|---|---|---|
| 1.1~1.3 | 1.2~1.4 | 1.3~1.5 | 1.4~1.8 |

### 5.1.3 城市用水量预测计算

在规划给水系统规模时，作为依据的城市用水量的预测具有重要的意义。目前存在多种方法可以对城市用水量进行估计。实际应用时，要根据具体情况，选择合理可行的方法。必要的时候，还应该采用多种方法进行比较分析后再确定。这里介绍几种常用的方法。

#### 1. 分类估算法

分类估算法的步骤介绍如下：首先按照水的用途对用水进行分类；然后确定这类用水的用水量标准，并根据用户的规模来算出各类用水量；最后累加得到总的用水量。这种方法较详细地分析了供水的情况，因而对用水的预计较为准确，但计算的工作量较大，在项目的规划阶段应用较少，在设计阶段才会考虑使用。

#### 2. 单位面积法

单位面积法是根据城市给水管网供水区域的面积来估算用水量。我国现行《城市给水工程规划规范》（GB 50282—2016）对城市单位面积综合用水量指标制定了参考标准，具体指标参见表 5.4。根据该指标可估算出最高日用水量。

表 5.4 城市单位建设用地最高日用水量指标　　$10^4 \mathrm{m}^3 / (\mathrm{km}^2 \cdot \mathrm{d})$

| 区域 | 城市规模 | | | |
|---|---|---|---|---|
| | 特大城市 | 大城市 | 中等城市 | 小城市 |
| 一区 | 1.0~1.6 | 0.8~1.4 | 0.6~1.0 | 0.4~0.8 |
| 二区 | 0.8~1.2 | 0.6~1.0 | 0.4~0.7 | 0.3~0.6 |
| 三区 | 0.6~1.0 | 0.5~0.8 | 0.3~0.6 | 0.25~0.5 |

#### 3. 人均综合指标法

城市人口平均总用水量称为人均综合用水量，可以根据历史数据，结合国民经济发展水平给出。

#### 4. 年递增率法

城市发展进程中，供水量一般呈现逐年递增的趋势，在一段时间内，递增率变化很小，可以安全地采用某一个定值，具体计算方法如下：

$$Q_n = Q_0 (1 + \delta)^n \tag{5.1.6}$$

式中，$Q_0$ 表示起始年份平均日用水量，$m^3/d$；$Q_n$ 表示此后第 $n$ 年的平均日用水量，$m^3/d$；$\delta$ 表示用水量年平均增长率%。

上式实际上是一种指数曲线形的外推模型，一般城市发展具有一定的规律，在不出现爆炸式快速发展的情况下，该方法可以用来预测未来某个年份的规划预测总用水量。

### 5. 线性回归法

城市日平均用水量亦可用一元线性回归模型进行预测计算，公式可写为：

$$Q_n = Q_0 + \Delta Q \cdot t \qquad (5.1.7)$$

式中，$\Delta Q$ 表示日平均用水量的年平均增量，$(m^3/d)/a$，根据历史数据回归计算求得。

### 6. 生长曲线法

对于新兴城市，城市建设初期发展很快，相应的总用水量增长迅猛，而后城市发展速度逐渐放缓直到稳定，这种情况下需要采用生长曲线来描述用水量的变化趋势，表达式如下：

$$Q = \frac{L}{1 + a e^{-bt}} \qquad (5.1.8)$$

式中，$a$、$b$ 的值需要根据具体城市来确定；$Q$ 表示预测用水量，$m^3/d$；$L$ 表示预测用水量的上限值，$m^3/d$。

城市供水量的确定关系到给水系统的设计规模，为保证满足城市用水量，希望供水规模越大越好，但是规模越大，系统的投资总额越高，会造成不必要的资源浪费。科学准确地确定城市供水量，是一个值得注意和研究的课题。

城市供水总量的确定受到多种因素的影响，诸如城市人口的增长、居民生活条件的改善、用水习惯的不同、资源价值观念的深入人心、科学用水和节约用水宣传的普及、水价及各地区水资源总量的不同等等。用水量增长到一定程度后将会达到一个稳定水平，甚至出现负增长趋势，这些规律已经在国内外的用水量统计数据中得到了验证。

## 5.2 城市给水水源规划

### 5.2.1 水源的种类

给水水源可以粗略地分为地下水源和地表水源两种。而地下水源又可细分为上层滞水、潜水、承压水、裂隙水、溶岩水和泉水等。地表水源可细分为江河水、湖泊水、水库水以及海水等。

### 1. 地表水源

（1）江河水。总体来说，我国江河水资源丰富，但各地自然环境和发展水平不同，其水源状况也各不相同。

一般江河水在洪水季和枯水季流量及水位变化比较大，常发生河床冲刷、淤积和河床演变。平原河道河床常为土质，较易变形。顺直河段容易形成边滩，可能造成取水口堵塞；弯曲河段凸岸淤积，凹岸冲刷，使河流弯曲程度不断加大，甚至可能发展成为河套，也可能裁弯取直，以弯曲-裁直-弯曲做周期演变，对设置取水口非常不利。

江河水的主要来源是降雨形成的地面径流，因此常含有大量的泥沙等污染物，细菌含量较高；江河水流经水溶性矿物成分含量高的岩石地区，水中含有的矿物成分会增高；江河水的主要补给源是降水，与地下水相比水质较软，由于长期暴露在空气中，水中溶解氧的含量较高，稀释和净化能力都较强。

（2）湖泊和水库水。湖泊和水库水一般情况下主要来源是江河水，但也有些湖泊和水库的水来源于泉水。由于湖泊和水库中的水基本处于静止状态，沉淀作用使得水中悬浮物大大减少，浑浊度降低。由于湖泊和水库的自然条件利于藻类、水生植物和鱼虾类的生长，使得水中有机物质含量升高，所以湖泊和水库水多呈绿色或黄绿色，应注意水质对给水水源的影响。

另外，考虑以中小河流来作为给水水源的时候，因其流量季节性变化较大，枯水季节往往水量不足，甚至会出现断流的情况，此时要根据当地气象、水文、地形、地质等条件来考虑修建年调节或多年调节水库作为给水水源。

（3）海水。随着现代工业的迅速发展，在整个世界范围内淡水水源严重不足。为满足大量工业用水需要，特别是冷却用水，许多国家包括我国在内，已经开始使用海水作为给水水源。

### 2. 地下水源

地下水按其在地层中的位置及其补给、径流、排泄条件的不同，水质水量也有差异。

（1）上层滞水。上层滞水是存在于包气带中局部隔离水层或弱透水层之上的重力水，具有自由的水面，如图5.3所示。由于分布范围有限，水量和水位随季节变化明显，旱季甚至会出现干枯现象，因此只能作为少数居民或临时供水水源。

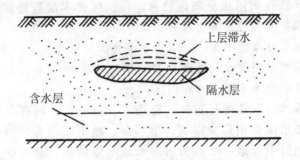

图 5.3 上层滞水

（2）潜水。潜水是具有自由表面的地下第一个稳定水层，如图 5.4 所示。主要特征是有隔水底板而无隔水顶板，具有自由表面，不承压或者只有局部承压。其分布区通常与补给区一致，水位及水量随季节变化较大。潜水由于经地层的渗滤，隔除了大部分悬浮物和微生物，水质物理性状较好，细菌含量较少；在我国经常作为给水水源。但由手容易被污染，须注意卫生防护。

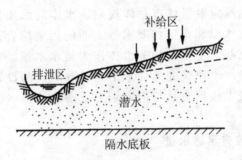

图 5.4 潜水

（3）承压水。承压水（见图 5.5）是充满于两隔水层之间的地下水。

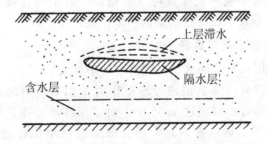

图 5.5 承压水

由于有不透水层阻挡，不易受其上部地面人为污染的影响，水质情况稳定，细菌含量少，温度低且稳定，但一般含盐量比地表水和潜水高。承压水的补给区往往离承压分布区较远，补给区含水层直接露出地表，所以该区的环境保护对保证水质有重要意义。

我国承压水分布范围很广，承压水是我国城市和工业的重要水源。

（4）裂隙水。裂隙水是埋藏在基岩裂隙中的地下水。大部分基岩出露在山区，因此裂隙水主要分布在山区。

（5）岩溶水。通常在石灰岩、泥灰岩、白云岩、石膏等可溶性岩石分布地区，由于水流作用形成溶洞、落水洞、地下暗河等岩溶现象，储存和运动于岩溶地层中的地下水称为岩溶水或喀斯特水。其特征是为低矿化度的重碳酸盐水，涌水量在一年中变化较大。

（6）泉水。涌出地表的地下水露头称为泉，有包气带泉、潜水泉和自流泉等。包气带泉涌水量变化很大，旱季甚至会干枯，水质和水温不稳定。潜水泉受降水影响，季节性变化显著，水流通常渗出地面。自流泉由承压水补给，水向上涌出地面，动态稳定，水量变化较小，是良好的供水水源。

## 5.2.2 水源选择

给水水源的选择应根据城市总体规划、水体的水质情况、水文和水文地质资料、用户对水量和水质的要求等方面的因素综合进行考虑，宜选用水质良好、水量充裕、易于保护的水体作为给水水源。对于水质要求比较高的情况下，其给水水源优先考虑地下水。取水点的设置应位于城市和工业区的上游，地表水根据自然流向判别上下游，地下水应根据地下渗流的主要流向判别上下游。

### 1. 给水水源应有足够水量

城市给水水源应有足够水量，以满足城市用水要求。水源的选择除应满足当前生产、生活所需水量之外，还应考虑将来城市发展所需的水量。地下水源的取水量不能不大于其可开采储量；对于没有修建水坝的天然河流，其取水量应不大于该河枯水期的可取水量。

### 2. 给水水源的水质应良好

作为生活饮用水水源的水质，应符合以下要求：

（1）对于那些只经加氯消毒处理即作为饮用水供给的水源，规定每升水中大肠杆菌菌群数不得超过 1000 个；对于那些经过净化处理及加氯消毒后才作为生活饮用水的水源，其大部分细菌已在净化处理过程中被去除，规定每升水中大肠杆菌菌群不得超过 10000 个。

（2）水浑浊度、色度、硬度等感观指标和化学指标须达到《生活饮用水水质标准》的要求才可以作为饮用水供应。对于那些不符合标准的原水，必须经过专门的净化处理才可饮用。

(3) 作为饮用水水源的毒理学指标必须达到现行《生活饮用水水质标准》的规定。

(4) 在甲状腺肿高发地区，应选用适量含碘的水源。否则，应根据需要采取预防措施，应保证水中碘含量不低于 $10\mu g/L$；对于原水中含氟量比较高的地区，应采取相应除氟措施以降低氟含量，氟化物含量在 1.0mg/L 以上时容易发生氟中毒。

(5) 分散式给水水源的水质，应参照现行《生活饮用水水质标准》(GB/T32470-2006)进行选择，应根据需要采取相应净化措施。

若不得不采用上述指标超标的水体供居民生活饮用，必须与卫生部门共同研究确定处理方法，使其最终符合《生活饮用水水质标准》的规定，并应征得主管部门同意才可使用。

### 3. 考虑合理开采和利用水源

选择水源时，必须配合经济计划部门制定水资源开发利用规划，全面考虑、统筹安排、正确处理与给水工程有关部门，如农业、水力发电、航运、木材流送、水产、旅游及排水等方面的关系，以求经济高效地利用好水资源。特别是水资源相对短缺的地区，经济高效地利用水资源关系到当地的可持续、全面发展。一般对水资源的综合利用有以下一些方法：将污水进行一定的处理后进行农业灌溉，采用合适的给水工艺实现工业给水系统中水的循环和复用，以提高水的有效利用率，从而降低用水量；我国沿海某些淡水缺乏地区应尽可能利用海水作为工业企业给水水源；对沿海地区地下水的开采与可能产生的污染（与水质不良含水层发生水力关系）、地面沉降和塌陷及海水入浸等问题，应予以充分注意。此外，随着我国国民经济的发展，对水资源的需求量将进一步增加，将会对更多的河流进行径流调节，因此水库水源的综合利用也是水源选择中的重要课题。在一个地区或城市，地表水源和地下水源的开采和利用有时是相辅相成的。地下水源与地表水源相结合、集中与分散相结合的多水源供水以及分质供水不仅能够发挥各类水源的优点，而且对于降低给水系统投资，提高给水系统工作的可靠性有重大作用。人工回灌地下水是合理开采、利用和保护地下水资源的措施之一。为保持地下水开采量与补给量平衡，采取人工回灌措施，以地表水补充地下水，以丰水年补充缺水年，以用水少的冬季补充用水多的夏季。回灌水的水质以不污染地下水，不使井管发生腐蚀，不使地层发生堵塞为原则。"蓄淡避咸"是沿海城市合理利用潮汐河流的有效措施。当河水含盐量高时，取用水库水；含盐量低时，直接取用河水。蓄淡避咸水库库容应根据取水量和"连续不可取水天数"（即连续咸水期）决定。

### 4．保证供水安全

大、中型城市应考虑多水源分区供水来保障用水的安全性；小城市也应规划考虑远期备用水源。对于水体资源比较贫乏的地区，要结合长远规划，设置两个以上的取水口。

城市给水水源的选择，应首先考虑地下水源，特别是作为生活饮用水水源时。地下水源具有以下优点：①地下水源一般不需净化处理，仅消毒即可，故水厂的投资及经营费用较省；②可以在供水区附近取水，从而可以减少给水系统（特别是输水管和管网）的投资总额，节省了输水运行费用，同时降低了给水系统的复杂度，从而增加了系统的安全可靠性；③便于建立卫生防护区，易于采取人防措施；④取水条件和取水构筑物较为简单，便于施工和运行管理；⑤便于分期修建。但地下水也有缺点，如一般含矿物盐类较高硬度较大，有时含过量铁、锰、氟等，需进行处理，同时地下水水量往往不够稳定，地下水源勘测时间也较长。采用地下水时，必须做到有计划开采；不能超过开采储量，以防地下水位不断下降、地面下沉或水质恶化等严重情况发生。在开采地下水时，根据开采难度和卫生条件，宜按照泉水、承压水（或层间水）、潜水的顺序进行选择。对于用水量比较小的工矿企业，在不影响当地饮用水需要的情况下，可以选用地下水作为生产用水水源，否则应取用地表水。地表水源的选择，首先考虑采用天然江河水、水库水，其次考虑湖泊水，必要时考虑海水的利用。地表水源，由于含泥沙及细菌较多，水质浑浊，故通常需处理。

## 5．2．3 给水水源的保护

天然水体很容易受到人类活动的破坏，为保证供水的安全稳定，有必要对水体采取一定的措施进行保护。水体水质会受到多方面的影响，比如，水资源过度开采就会枯竭、不注意污水排放就会造成水质恶化。地表水、地下水会受到空气污染、残余化肥农药等的影响。所以，水资源的保护要从多方面给予综合考虑。

水资源的保护涉及水源水量和水质的保护两个方面。

水量保护措施包括适度开采、季节性调蓄、区域性水土保持等；水质保护的措施包括合理规划城镇整体布局、加强环境保护力度，尤其要做好各种污废水的排放管理。

要做好生活饮用水水源卫生防护带的设置工作。落实好集中式给水水源防护带的范围和防护措施等相关规定的执行。

**1. 地表水水源的防护**

（1）取水点周围半径不小于 100 m 的水域内，不得停靠船只、游泳、捕捞和从事一切可能污染水源的活动，并应设置明显的范围标志。

（2）河流取水点自上游 1000 m 至下游 100 m 的水域内，严禁工业废水和生活污水的排放；其沿岸防护范围内，不得堆放废渣，不得设置存放有害化学物品的仓库、堆栈或设立装卸垃圾、粪便和有毒物品的码头；沿岸农田不得使用工业废水或生活污水灌溉及施用持久性或剧毒性的农药，并不得放牧。

供生活饮用水的水库和湖泊，取水点周围部分水域或整个水域的防护，也按上述要求执行。

水厂生产区外围不小于 10 m 的范围内，不得设置生活居住区和修建禽畜饲养场、渗水厕所、渗水坑；不得堆放垃圾、粪便、废渣或铺设污水管道；应保持良好的卫生条件并应充分绿化。

**2. 地下水水源的防护**

（1）水构筑物的防护范围，应根据水文地质条件、取水构筑物的形式和附近地区的卫生状况确定，其防护措施应与地面水水厂生产区要求相同。

（2）单井或井群的影响半径范围内，不得使用工业废水或生活污水灌溉和施用有持久性或剧毒的农药，不得修建渗水厕所、渗水坑、堆放废渣或铺设污水渠道，并不得从事破坏深层土层的活动。

对于分散式给水水源的卫生防护地带，可参照上述规定。水井周围 30 m 的范围内，不得设置渗水厕所、粪坑等污染源。

## 5.3 城市给水工程规划

### 5.3.1 给水工程规划工作程序

给水工程规划的意义在于满足用户用水需求的同时，最有效地利用水资源和保护水源不被破坏，完成城市用水规划和水源保护工作的平衡。其主要任务是确定城市给水系统的规模，包括管网系统、泵站、水厂等附属构筑物；科学布局给水设施和各级给水管网系统，在满足用户对水质、水量、水压等要求的同时，尽量使管网规模、运行能量消耗最小化；制定完善的水资源保护措施。

城市给水工程规划的规划期限一般与城市规划期限相同，即规划期限分为近期和远期，一般近期规划期限为 5 年、远期规划期限为 20 年。给水工程规划工作程序如下。

### 1.城市用水量预测

首先收集目前城市用水情况与城市周边水体分布情况，结合当地规划目标，确定城市给水标准。以此为基础开展城市近远期用水量预测。

### 2.确定城市给水工程系统规划目标

在城市水资源研究的基础上，根据城市用水量预测、区域给水系统与水资源调配规划，确定城市给水工程系统规划目标，并及时反馈给城市计划和规划主管部门，合理调整城市经济发展方向、产业结构、人口规模。同时应及时反馈给区域水系统主管部门，以便合理调整区域给水系统与水资源调配规划，协调上下游城市用水，以及城镇、农业等用水。

### 3.城市给水水源规划

在确定了城市给水工程系统规划目标之后，要结合城市旧有给水系统，对城市给水水源进行合理规划，确定相应的取水工程规划目标、水处理厂的建设规模、技术方案等，同时还要相应地制定取水水源的保护措施。规划目标确定之后要报给区域水系统主管部门审批、落实，在此基础上考虑调整相关区域给水工程规划。同时，必须及时反馈给城市规划部门，以便其综合考虑给水设施、污水处理厂、工业区等用地布局。

### 4.城市给水管网与输配设施规划

在城市现有给水管网的基础上，根据城市给水水源规划、城市规划总体布局，对城市给水管网和调节水池、清水池、水塔、泵站等输配设施布局规划，完成后同样需要及时反馈给有关部门进行审批、用地规划等安排。

### 5.分区给水管网与输配设施规划

首先应根据城市分区规划确定分区供水量、供水水质、水压要求，然后结合各分区地形、水源分布情况等进行给水管网和输配设施规划，确定给水管网布置形式等。完成之后需要反馈给城市规划部门，以便进行用地规划考虑。

### 6.详细规划给水服务范围内管网布置

本阶段应详细考虑分区内用水分布情况以及用水标准。然后，对管网进行水力计算，涉及管径以及铺设方式的确定等工作。对于相对独立的分区，具有自己完整的一套给水系统，则该分区的详细规划设计还应包括自配水源工程设施规划。若该分区还需要独立净水设施，还应包括相关净水设施布置等内容。给水管网布置的详细规划是给水工程设计的依据。

## 5.3.2 给水工程建设程序

给水工程是一个复杂的工程项目，为保证建设的合理性与科学性，应遵循一定的工程项目建设程序。工程项目建设程序是人们长期在工程项目建设实践中的经验总结，从客观上反映了工程建设过程的规律，是工程项目建设的科学决策和顺利进行的重要保证。程序中各步骤可以合理交叉，但是不能任意颠倒。给水工程建设程序通常包括五个阶段，即项目立项决策阶段、审定投资决策阶段、工程设计与计划阶段、施工阶段和质量保修阶段。在项目实施工程中又把项目立项决策阶段和审定投资决策阶段称为项目前期，主要工作有提出项目建议书和编制可行性研究报告；工程设计与计划阶段、施工阶段称为项目建造期，主要工作有初步设计、施工图设计和施工；质量保修阶段称为项目后期。

### 1. 项目建议书

项目建议书是建设单位向国家有关部门提出新建或扩建某一具体项目的建议文件，发生在建设程序的起始阶段，是筹建单位对拟建项目的总体设想。项目建议书一般应包括建设项目提出的必要性和依据；需要引进的技术和进口设备，并要说明理由；项目内容与范围，拟建规模和建设地点的初步设想；投资估算和资金筹措的设想、还贷能力的测算；项目进度设想和经济效益与社会效益的初步估算等。

### 2. 可行性研究

可行性研究以主管部门批准的项目建设书和委托书为依据，对项目建设的必要性、经济合理性、技术可行性、实施可能性等进行综合性的研究和论证，并应对可能采取的不同建设方案进行论证，最后提出本工程的最佳可行方案和工程估算。审批后的可行性研究报告是进行初步设计的依据。

### 3. 初步设计

根据批准的可行性研究报告（方案设计）进行初步设计，这个阶段的主要任务是明确工程规模、设计原则和标准，深化可行性报告提出的推荐方案并进行必要的局部方案比较，提出拆迁、征地范围和数量以及主要工程数量、主要材料设备数量、编制设计文件，做出工程概算（可行性研究的投资估算与初步设计概算之差，一般应控制在 $\pm 10\%$ 内）。

在对推荐方案进行深化设计时，应在给水管网总平面图上标出管网覆盖范围内的全部建筑物、道路、铁路等的平面位置，同时要给出控制坐标、标高、指北针等信息；最后要沿给水管道位置，对干管的管径、流向、闸门井和其他给水构筑物位置及编号做好标注。

还应单独绘制取水构筑物平面布置图，对取水口、取水泵房、转换闸门、道路平面布置图、坐标、标高、方位等做出标注，必要时还要绘制流程示意图，标注各构筑物之间的高程关系。

对于项目中存在的净水处理厂（站）时，应单独绘出水处理构筑物总平面布置图及高程关系示意。还应列出图中存在的构筑物一览表，给出构筑物详细的平面尺寸、结构形式、占地面积以及定员情况等。

### 4. 施工图设计

施工图设计是在批准的初步设计基础上进行的、供施工用的具体图纸设计。施工图设计应包括设计说明书、设计图纸、工程数量、材料数量、仪表设备表、修正概算或施工预算。

设计图纸要包括取水工程总平面图；取水工程流程示意图（或剖面图）；取水头部（取水口）平、剖图及详图；取水泵房平、剖图及详图；其他构筑物平、剖图及详图；输配水管路带状平面图；给水净化处理站（厂）总平面布置图及高程系统图；各净化建（构）筑物平、剖图及详图；水塔、水池配管及详图；循环水构筑物的平面、剖面及系统图等。图纸比例除总平面布置图图纸比例采用1：100～1：500外，其余单体构筑物和详细图图纸比例宜采用1：50～1：100。

## 5.3.3 给水工程规划与工程设计关系

给水工程作为城市基础设施的重要组成部分，它关系着城市的可持续发展，关系着城市的文明、安全和居民的生活质量，是创造良好投资环境的基础。城市给水工程规划是城市总体规划中的一个重要组成部分，它明确了城市给水工程的发展目标与规模，合理布局了给水工程设施和管网，统筹安排了给水工程的建设，是城市给水工程发展的政策性法规，是工程设计的指导依据，有效地指导实施建设。

# 5.4 分区给水系统

## 5.4.1 分区给水系统的特点

分区给水系统是指将整个给水系统分成几个区，每个区设置独立的泵站和管网等，实现每个区相对独立的供水系统。分区时应根据城市地形特点进行考虑，各区之间并不是完全独立的，合理地连通各分区可以增加供水可靠性和调度灵活性。对管网进行分区布置，可以有效降低管网末端的水压，避免因水压过高而破坏水管及其他附件，同时可以减少漏水量以及给水能量消耗。常应用于给水区面积很大、地形高差显著或需要远距离输水的情况。

图 5.6 表示给水区地形起伏、高差很大时采用的分区给水系统。图 5.6 (a) 中所示为标号为②的低区和标号为①的高区分别由同一泵站内的低压和高压水泵供水的情况，这种形式叫作并联分区。其特点是高区和低区供水相互独立，增加了供水可靠性；由同一个泵站进行供水，降低了管理复杂度。其缺点是增加了输水管长度和水泵扬程，输水管需要耐高压处理，相应的这些原因都增大了管网造价。图 5.6 (b) 中所示为串联分区，这种布置形式的特点是：低区用水由泵站 2 直接供给，高区用水先由泵站 2 输送到高区附近，再由泵站 4 进行加压后供水，高区采用分级输水，降低了管网的压力。大城市往往因为供水面积大，管线延伸很长，导致管网水头损失过大，通常在管网中间设加压泵站或水库泵站加压来提高管网边缘地区的水压，这也是串联分区的一种形式。

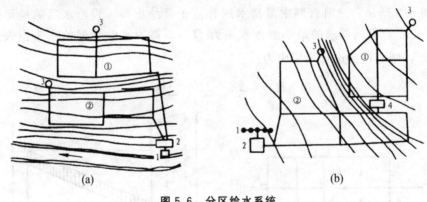

图 5.6  分区给水系统

(a) 并联分区；(b) 串联分区

①高区；②低区

1—取水构筑物；2—水处理构筑物；3—水塔或水池；4—高区泵站

图 5.7 所示为远距离重力输水管，从水库 $A$ 利用重力输水至水池 $B$。为避免水管因承压过高而破裂，可将输水管适当分为几段，考虑在各分段处设置水池，以降低管网的水压，保证供水安全。如若不采取分段，假设全线管径一致，则水面坡度可表示为 $i = \dfrac{\Delta Z}{L}$，这时部分管线内水压很高。但是对于地形高于水力坡线之外的管线，例如 $D$ 点，管中又会出现负压，显然是不合理的。如将输水管分成 3 段，并在 $C$ 和 $D$ 处建造水池，则会降低 $C$ 点附近水管的工作压力，同时也会使 $D$ 点避免出现负压，将会显著降低

管线的静水压力。水池应尽量布置在地形较高的地方，以免出现虹吸管段。

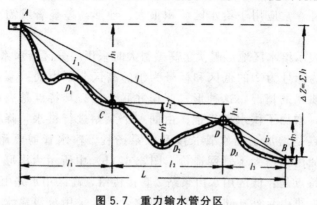

图 5.7　重力输水管分区

## 5.4.2 分区给水的能量分析

为简化给水管网的能量分析，考虑地形从泵站起均匀升高的给水区，如图 5.8 所示，这时管网中最高水压处位于泵站出口。设给水区的地形高差为 $\Delta Z$，管网要求的最小服务水头为 $H$，最高用水时管网的水头损失为 $\sum h$，则管网的设计水压应为：

$$H' = \Delta Z + H + \sum h \qquad (5.4.1)$$

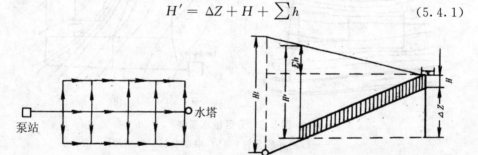

图 5.8　管网水压

实际输水管总是存在一定的水头损失，所以泵站的设计扬程 $H'_p$ 要大于最高水压 $H'$。管网可以承受的最高水压 $H'$，决定于水管材料和接口形式。铸铁管虽能承受较高的水压，但出于安全和管理方便起见，最好控制水压在 $490 \sim 590$ kPa($50 \sim 60$ mH$_2$O) 范围内。

管网的最小服务水头 $H$ 决定于建筑物最高层数。管网的水头损失 $\sum h$ 由管网水力计算可得。当管网延伸很远，例如上海很多水厂的供水距离为 $15 \sim 20$ km，这时即使地形平坦，也因管网水头损失过大，而须在管网中途设置水库泵站或加压泵站，形成分区给水系统。因此根据公式（5.4.1）求出各分区的地形高差 $\Delta Z$ ，便可以初步定出分区界线。

这是由于限制管网的水压而从技术上采取分区的给水系统。多数情况下，分区给水系统的选择来自于经济层面的考虑，其目的是降低给水运行费用。应对管网进行能量分析，确定不必要的能量消耗，然后设计分区供水方案来避免这部分能量的浪费。

给水系统中，日常供水消耗的动力费是一笔很大的开销，因此优化分区给水系统，以降低运行费用具有实际意义。在泵站扬程设计时，是根据控制点所需最小服务水头和管网中的水头损失来确定的，这就造成了大部分地区的管网水压要高于用户所需的水压，这部分水压的能量消耗就是不必要的。

### 1. 输水管的供水能量分析

对于分区系统和未分区系统来说，通常采用分区给水系统降低了管网控制点所需的最小服务水头和管网的水头损失，从而减小了能量浪费的情况。

以图 5.9 的输水管为例，各管段的流量 $q_{ij}$ 和管径 $D_{ij}$ 随着与泵站（设在节点 5 附近）距离的增加而减小。未分区时泵站供水的能量可表示为：

$$E = \rho g q_{4-5} H \qquad (5.4.2)$$

$$或\ E = \rho g q_{4-5}(Z_1 + H_1 + \sum h_{ij}) \qquad (5.4.3)$$

式中，$q_{4-5}$ 表示泵站的总流量，单位为 L/s；$g$ 代表重力加速度；$Z_1$ 为控制点地面距离吸水井水面的距离，通常单位为 m；$\rho$ 为水的密度，单位为 Kg/L；$H_1$ 为控制点所需最小服务水头，单位为 m；$\sum h_{ij}$ 表示从控制点到泵站的总水头损失，单位为 m。

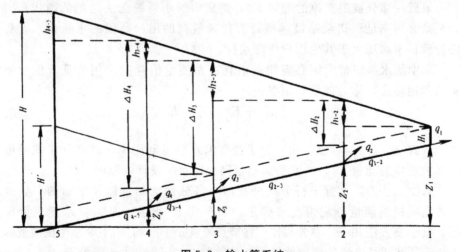

**图 5.9　输水管系统**

泵站的供水总能量 $E$ 包括三个部分：

（1）保证控制点最小服务水头：

$$E_1 = \sum_{i=1}^{4} \rho g (Z_i + H_i) q_i \tag{5.4.4}$$

（2）水管摩阻消耗的能量：

$$E_2 = \sum_{i=1}^{4} \rho g q_{ij} h_{ij} = \rho g q_{1-2} h_{1-2} + \rho g q_{2-3} h_{2-3} + \rho g q_{3-4} h_{3-4} + \rho g q_{1-2} h_{1-2} \tag{5.4.5}$$

（3）浪费的能量，因各用水点的水压往往大于实际用户的要求：

$$E_3 = \sum_{i=2}^{4} \rho g q'_i \Delta H_i = \rho g (H_1 + Z_1 + h_1 - H_2 - Z_2) q_2 + \\ \rho g (H_1 + Z_1 + h_{1-2} + h_{2-3} - H_{3-4} - Z_3) q_3 + \\ \rho g (H_1 + Z_1 + h_{1-2} + h_{2-3} + h_{3-4} - H_4 - Z_3) q_4 \tag{5.4.6}$$

式中，$\Delta H_i$ 表示过剩水压。

如上所述，单位时间内水泵的总能量可表示为：

$$E = E_1 + E_2 + E_3 \tag{5.4.7}$$

其中，只有最小服务水头所需的能量 $E_1$ 是必须保证的。由于必须保证用户对水量和水压的要求，泵站流量和控制点水压 $Z_i + H_i$ 一定不能小于给水系统设计值，所以 $E_1$ 不能减小。

输水过程不可避免地存在水管摩阻，通常可以采取适当放大管径的措施来降低这部分能量，或者可以采用新型表面比较光滑的输水管材料，但是会增加项目投资总量，并不是一种经济的解决办法。

最后一部分被浪费掉的能量 $E_3$，是集中给水系统无法避免的通病，因为泵站必须满足距离泵站最远或处所位置最高的用户所需的水压供水，势必导致供水水压大于其他用户所需水压。

集中给水系统常采用必需能量消耗占总能量消耗的比例来反映供水能量的利用程度，称为能量利用率：

$$\Phi = \frac{E_1 + E_2}{E} = 1 - \frac{E_3}{E} \tag{5.4.8}$$

从式（5.4.8）可以看出，为了提高输水能量利用率，就必须采取措施降低被浪费的能量 $E_3$，这就是选择管网分区系统设计的原因。

对图 5.9 的输水管进行分区处理时，各分区的划分以及泵站的布置等工作需要根据能量分配情况来确定，如图 5.10 所示为泵站供水能量分配图，其绘制方法如下：首先按比例将节点流量 $q_1$、$q_2$、$q_3$、$q_4$ 等标注在横坐标上。于是就可以得到各管段的流量，如管段 3-4 的流量 $q_{3-4}$ 等于 $q_1 + q_2 + q_3$；泵站的供水量等于 $q_1 + q_2 + q_3 + q_4$，实际上就是管段 4-5 的流量 $q_{4-5}$。

在供水能量分配图 5.10 上按比例标出备用节点的地面标高 $Z_i$ 和分别所需最小服务水头 $H_i$，形成了若干以 $q_i$ 为底、$H_i + Z_i$ 为高的矩形分区，最小服务水头所需的能量就等于分区的面积，如图 5.10 中的 $E_1$ 部分所示。

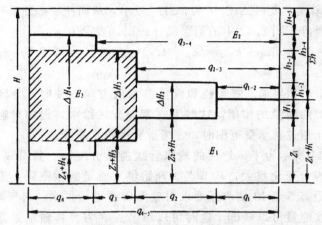

图 5.10　泵站供水能量分配图

为了满足控制点 1 的最小服务水头，泵站 5 的扬程必须达到：

$$H = H_1 + Z_1 + \sum h_{ij} \qquad (5.4.9)$$

式中，$\sum h_{ij}$ 为泵站到控制点的各管段水头损失总和，在纵坐标上按比例标出各管段的水头损失 $h_1$、$h_2$、$h_3$、$h_4$ 等，纵坐标总高度为 $H$。

因此，克服水管摩阻所需的总能量就等于每一管段流量 $q_{ij}$ 和相应水头损失 $h_{ij}$ 所形成的矩形面积总和，即图（5.10）中的 $E_2$ 部分。

对于泵站未利用的能量，等于以 $q_i$ 为底、过剩水压 $\Delta H_i$ 为高的矩形面积之和，相应于图 5.11 中 $E_3$ 的部分。

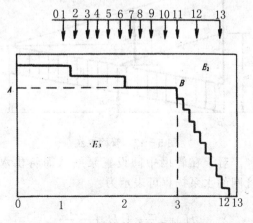

图 5.11　输水管线能量分配图

以下分析分区给水系统对能量 $E_3$ 的减少作用。

假定在图 5.10 中节点 3 处加设泵站，从而将输水管分为两个区。这时泵站 5 的扬程可按节点 3 处的最小服务水头进行确定，用 $H'$ 来标记。从图 5.10 中可以看出，此时 $\Delta H_3$ 消失，$\Delta H_4$ 减小，从而使一部分未利用的能量减小。减小量等于图 5.12 中的阴影部分面积，表示为：

$$(H_1 + Z_1 + h_{1-2} + h_{2-3} - Z_3 - H_3)(q_3 + q_4) = \Delta H_3(q_3 + q_4)$$

$$(5.4.10)$$

必须指出，如果输水管管径和流量沿水流方向不变时，分区给水系统并不能起到节约能量的作用，这时不宜考虑分区给水，但如果输水距离太大，使得管压超过其承受范围时，才考虑分区给水系统。

如图 5.11 所示为平原地区的输水管线能量分配图。其沿线各点（0～13）的配水流量变化很大，从节点 3 开始供水流量急剧下降，因此并不需要按照最远距离节点 13 的水压要求对整个管线进行供水。对于矩形 OAB3 面积上的供水能量可以降低。这时可以以节点 3 为界将输水管分区进行供水，只需要在节点 3 处增设泵站，就可以节约供水的能量。

### 2. 管网的供水能量分析

下一步来分析如图 5.12 所示的城市给水管网的能量利用情况。为简化考虑，假设给水区地形均匀升高，全区用水量分布均匀，具有相同的最小服务水头。用 $\sum h$ 代表总水头损失，用 $\Delta Z$ 代表泵站吸水井水面与控制点地面高差。未分区泵站流量用 $Q$ 表示，于是泵站扬程为：

$$H_\text{p} = \Delta Z + H + \sum h \tag{5.4.11}$$

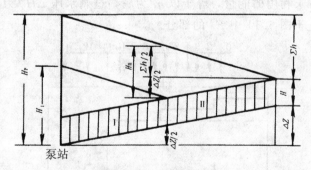

图 5-12 管网系统

考虑分区给水，对于在管网中间设置泵站从而将供水区等分为两个区的情况，第Ⅰ区管网的水泵扬程可表示为：

$$H_I = \frac{\Delta Z}{2} + H + \frac{\sum h}{2} \tag{5.4.12}$$

若第Ⅰ区的最小服务水头 $H$ 与泵站总扬程 $H_p$ 相比极小时，则可忽略 $H$，将式（5.4.12）改写为：

$$H_I = \frac{\Delta Z}{2} + \frac{\sum h}{2} \qquad (5.4.13)$$

第Ⅱ区泵站在第Ⅰ区管网水压 $H_I$ 的基础上提升，所以为第Ⅱ区供水的泵站扬程 $H_{\text{Ⅱ}}$ 只需要 $\dfrac{\Delta Z}{2} + \dfrac{\sum h}{2}$。所以对于等分区供水布置后，可节约能量 $\dfrac{Q}{2}(\dfrac{\Delta Z + H + \sum h}{2})$，相应于图 5.13 中阴影面积，即分区后最多可减少 25% 的供水能量。

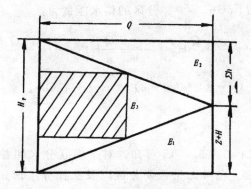

**图 5.13　管网分区供水能量分析**

对于沿线流量均匀分配的管网，将加压泵站设在给水区中部时，相当于 $E_3$ 部分中的最大内接矩形面积的能量可能被节约。对于等分供水区输水管的方案，可以将浪费能量的部分降低到最低。

按照上述推导过程，可以计算将给水系统分成 $n$ 区时的供水能量，分析详述如下：

（1）串联分区时，考虑全区用水量均匀分布，则各区输水管的流量依次为 $Q$，$\dfrac{n-1}{n}Q$，$\dfrac{n-2}{n}Q$，……，$\dfrac{Q}{n}$，相应的各区水泵扬程为 $\dfrac{H_p}{n} = \dfrac{\Delta Z + \sum h}{n}$，那么分区后的供水总能量就是各分区供水能量的总和：

$$
\begin{aligned}
E_n &= Q\frac{H_p}{n} + \frac{n-1}{n}Q\frac{H_p}{n} + \frac{n-2}{n}Q\frac{H_p}{n} + \cdots\cdots + \frac{Q}{n}\frac{H_p}{n} \\
&= \frac{1}{n^2}[n + (n-1) + (n-2) + \cdots\cdots + 1]QH_p
\end{aligned}
$$

$$= \frac{1}{n^2} \frac{n(n+1)}{2} QH_p = \frac{n+1}{2n} QH_p$$

$$= \frac{n+1}{2n} E \tag{5.4.14}$$

式中，$E = QH_p$ 表示未分区时供水所需总能量。

等分为两个区时，$n = 2$，由式（5.4.14）可知，$E_2 = \frac{3}{4} QH$，即可以节约 25% 的供水能量。分区越多，可以节约的能量也就越多，极限为总能量的一半。

（2）并联分区时，各区的流量等于 $\frac{Q}{n}$，各区的泵站扬程分别为 $H_p$，$\frac{n-1}{n} H_p$，$\frac{n-2}{n} H_p$，…，$\frac{H_p}{n}$。分区的供水能量为：

$$E_n = H_p \frac{Q}{n} + \frac{n-1}{n} \frac{Q}{n} H_p + \frac{n-2}{n} \frac{Q}{n} H_p + \cdots\cdots + \frac{Q}{n} \frac{H_p}{n}$$

$$= \frac{1}{n^2} [n + (n-1) + (n-2) + \cdots\cdots + 1] QH_p$$

$$= \frac{n+1}{2n} E \tag{5.4.15}$$

对比式 5.4.14 和式 5.4.15 可知，对于串联分区和并联分区可节省的供水能量是相同的。在考虑是否要分区以及选择分区形式时，要综合考虑供水地形、水源位置、用水量分布以及工程造价、技术可行性等具体条件，对可能的多个方案进行比较确定。虽然串联和并联分区可降低的能量相同，但是其所需设施和管理有很大区别。串联分区的泵站比较分散，管理较复杂；并联分区的泵站较集中，管理方便，但输水管总长度较长，施工工作量大，因此需要考虑这两种布置方式在造价和管理费用上的不同。

### 5.4.3 分区给水系统设计

一般应根据城市地形来确定分区形式，当城市地形呈狭长分布时，宜采用并联分区，因增加的输水管长度有限，这样可以集中管理高、低两区的泵站，如图 5.14（a）所示。若城市地形沿垂直于等高线方向延伸时，宜采用串联分区，如图 5.14（b）所示。

水源的地理位置也是分区形式选择的一个影响因素，如图 5.15（a）中，在水源靠近高区的情况下，宜采用并联分区。在水源靠近低区时，宜采用串联分区，以免到高区的输水管过长，投资总额大量增加，如图 5.15（b）所示。

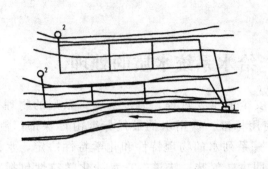

（a）并联分区　　　　　　　　　　（b）串联分区

**图 5.14　城市延伸方向与分区形式选择**

1—水厂；2—水塔或高地水池；3—加压泵站

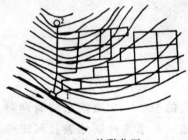

（a）并联分区　　　　　　　　（b）串联分区

**图 5.15　水源位置与分区形式选择**

1—水厂；2—水塔或高地水池；3—加压泵站

在分区给水系统中，可以采用高地水池或水塔作为水量调节设备。容量相同时，高地水池的造价比水塔便宜。但水池标高应保证该区所需的水压。采用水塔或水池须通过方案比较后确定。

# 第6章　给水系统水质的处理

水处理是保障人民生命安全的重要过程，通过采取一系列的物理、化学措施使水质达到一定的使用标准。饮用水的最低标准由环保部门制定。判断水质好坏的基本标准由一系列水的物理特性和化学特性决定，水的物理特性包括温度、颜色、透明度、气味、味道等；水的化学特性包括其酸碱度、所溶解的固体物浓度和氧气含量等。

## 6.1 给水处理概论

### 6.1.1 各种水源的水质特点

#### 1. 原水中的杂质简介

自然状态下的水源中总会含有一定的杂质。杂质的来源有两种：一是自然过程，包括地层矿物质在水中的溶解，水流冲刷地表及河床带来的泥砂和腐殖质，水中微生物的繁殖及其死亡残骸等；二是人为因素，包括居民生活污水、工矿企业生产废水以及农业残余农药化肥等有毒物的污染。按照尺寸杂质可分为悬浮物、胶体和溶解物等三类。

（1）悬浮物和胶体。尺寸为 0.1～1 mm 的杂质称为悬浮物，采用物理手段就比较容易去除干净。尺寸为 1～100 nm 的杂质为胶体，很难通过静置等物理手段予以排除。胶体包括粘土、某些真菌及病毒、腐殖质及蛋白质等物质。通常胶体颗粒带有负电荷，也有少量带正电荷的金属氢氧化物胶体。工业废水中通常含有各种各样的胶质或有机高分子物质，直接排入水体会使水体受到污染，例如人工合成的高聚物，若生产这类产品的企业生产废水直接排放，会使水体受到污染。

悬浮物和胶体是水体浑浊的根源。其中有机物，如腐殖质及藻类等，通常会造成水体变色、发臭、产生异味等。水体中的病菌，病毒及原生动物等病原体可以以水为媒介传播疾病，通常随生活污水的随意排放而进入水体。

悬浮物和胶体是饮用水处理主要的去除对象。对于粒径大于 0.1 mm 的泥砂来说，可通过静置比较容易地去除。而粒径较小的悬浮物和胶体杂质，需要通过投加混凝剂予以消除。

（2）溶解杂质。溶解杂质包括有机物和无机物两类。无机溶解物是指溶解于水中的无机低分子和离子。大多数溶解杂质并不会对水的色、臭、味属性造成影响，但是可能会对工业生产造成较大的影响，主要是某些工业用水的去除对象。但是对于某些有毒、有害的无机溶解物，也必须经过严格的处理才可以作为生活饮用水供应。有机溶解物主要来源于水体生物的排泄物、人类生活废弃物以及死亡生物产生的腐殖质等。当前，溶解的有机物已成为居民饮用水处理中重点去除对象之一，也是目前水处理专家们重点研究对象之一。

受污染水中溶解的杂质多种多样。这里只介绍天然水体中常见的主要溶解杂质。

（1）气体溶解物。天然水中的溶解气体主要是氧、氮和二氧化碳，有时也含有少量硫化氢。水中的氧、氮和二氧化碳等溶解气体对人饮用水没有影响。硫化氢对饮用水的影响较大，其主要来源于含有大量含硫物质的生活污水或工业废水未经处理直接排入水体中造成的污染，需要进行化学处理。正常的地表水中硫化氢的含量很少，因为 $H_2S$ 极易被氧化，主要是由某些含硫矿物（如硫铁矿）的还原及水中有机物腐烂而产生。

（2）离子。天然水中所含主要阳离子有 $Ca^{2+}$、$Mg^{2+}$、$Na^+$；主要阴离子有 $HCO_3^-$、$SO_4^{2-}$、$Cl^-$。此外还含有少量 $K^+$、$Fe^{2+}$、$Mn^{2+}$、$Cu^{2+}$ 等阳离子及 $HSiO_3^-$、$CO_3^{2-}$、$NO_3^-$ 等阴离子。所有这些离子主要来源于矿物质的溶解，少部分来源于水中有机物的分解。例如，$CO_2$ 溶解于水中会产生弱酸，当含量足够多时，呈弱酸水流接触石灰石（$CaCO_3$）后，会使石灰石溶解产生 $Ca^{2+}$ 和 $HCO_3^-$ 离子；水流接触白云石（$MgCO_3 \cdot CaCO_3$）或菱镁矿（$MgCO_3$）时，可使其溶解产生 $Mg^{2+}$ 离子和 $HCO_3^-$ 离子；$Na^+$ 离子和 $K^+$ 离子则为水流接触含钠盐或钾盐的土壤或岩层溶解产生；$SO_4^{2-}$ 离子和 $Cl^-$ 离子则为呈酸性的水接触含有硫酸盐或氯化物的岩石或土壤时溶解产生的。水中 $NO_3^-$ 离子的来源主要是有机物的分解，盐类的溶解也会贡献一部分。

不同环境、条件及地质状况下的天然水源所含离子种类及含量会有很大差别。

**2. 天然水源的水质特点**

（1）地下水。地下水是指埋藏于地表以下各种形式的重力水，地下水会经过地层的渗滤，从而将大部分悬浮物和胶质滤除。通常地下水比较清澈，且水质、水温不易受外界污染和气温影响，比较稳定，因而是饮用水和工业冷却水的一种重要的水源。

通常地下水在流经岩层时会将各种可溶性矿物质溶解于水中，因而地下水的含盐量往往高于各种地表水（除海水外）。地下水中的盐类成分及含量由所流经地层的矿物质成分、地下水埋深和与岩层接触时间等因素共同决定。我国幅员辽阔，水文地质条件比较复杂，因此各地区地下水含盐量差别很大，一般在 200～500 mg/L 之间。一般情况下，降雨丰富的地区，如东南沿海及西南地区，其地下水得到大量雨水补给，故含盐量较低；降雨较少的地区，如西北、内蒙古等地，地下水补给较少，往往含盐量就较高。

地下水的硬度通常较地表水要高。我国各地区地下水总硬度大多分布在 60～300 mg/L（以 CaO 计）范围内，少数地区会高达 300～700 mg/L。

我国含铁地下水分布较广，以松花江流域和长江中、下游地区分布较为集中。黄河流域、珠江流域等地也分布有含铁地下水。全国范围内地下水的含铁量一般在 10 mg/L 以下，个别地区高达 30 mg/L。

我国含锰地下水分布与含铁地下水分布范围类似，也比较广泛，但含量比铁少。通常情况下不超过 2～3 mg/L，也有个别地区甚至会高达 10 mg/L。

由于地下水含盐量和硬度较高，对于某些工业用水来说未必经济。地下水含铁、锰量超过饮用水标准时，需经处理方可饮用。

（2）江河水。江河水受到自然环境的直接影响，水质变化很大，含有大量的悬浮物等杂质，浊度远高于地下水。我国幅员辽阔，各地区自然环境相差很大，导致江河水的浊度相差很大。甚至同一条河流在上游和下游、夏季和，其浑浊度也大不相同。我国是世界上高浊度水河流众多的国家之一。对于土质、植被和气候条件较好的地区，如华东、东北和西南地区，其河流中悬浮物、胶体等杂质含量较少，只有在雨季时河水才变得较浑浊，通常年平均浑浊度在 50～400 度之间。对于土质、植被和气候条件较差的地区，如西北及华北地区流经黄土高原的黄河水系、海河水系及长江中、上游等，河水中含砂量就很高。暴雨时，少则几千克每立方米，多则几十乃至数百千克每立方米。浊度变化非常大。冬季时浊度一般只有几度到几十度，暴雨时，浊度往往几小时内就会迅速增加。

江河水的含盐量和硬度通常较地下水低，河水的含盐量和硬度与河流流经地区的地质、植被、气候条件及地下水补给等条件相关。我国西北黄土高原及华北平原大部分地区，河水含盐量较高，约 300～400 mg/L；秦岭以及黄河以南次之；东北松黑流域及东南沿海地区最低，通常低于 100 mg/L。对于西北及内蒙古高原地区的大部分河流，硬度都比较高，可达 100～150 mg/L 甚至更高；黄河流域、华北平原及东北辽河流域次之；松黑流域和东南沿海地区，河水硬度通常较低，大多在 15 ～ 30 mg/L 以下。总的说来，我国大部分河流的河水含盐量和硬度基本满足生活饮用水的要求。

江河水最大的缺点是水质易受生活污水、工业废水及其他人类活动的影响，水的色、臭、味等特性往往会被影响，容易受人类活动导致水中含有大量有毒或有害物质。而且江河水水温不稳定，夏季往往不能满足工业冷却水的要求。

（3）湖泊及水库水。湖泊及水库水的来源主要是江河水，其水质与河水类似。不同的是湖（或水库）水流动性小，贮存时间又比较长，经过长期自然沉淀过程，浊度比江河水要低。只有在出现风浪或者在暴雨季节，湖底沉积物或泥沙受风浪的影响，才出现浑浊现象。湖水的流动性小和透明度高的特性为水中浮游生物，特别是藻类生物，创造了良好的繁殖条件。因而，湖水一般含藻类较多。同时，水生生物死亡残骸在湖底淤泥中积存形成了大量腐殖质，这些腐殖质容易因风浪的扰动形成混凝物而使水质恶化。湖水同样容易受到人类生产生活活动的污染。

由于湖水中盐分不断得到补给，同时湖水又在不断地蒸发，故含盐量往往要高于河水。湖泊按含盐量可分为淡水湖、微咸水湖和咸水湖等 3 种。这取决于湖的形成历史、水的补给来源及所处地理环境和气候条件等自然环境因素。降雨量少的地区，湖水补给量较少，蒸发量又大，所以含盐量通常很高，容易形成微咸水湖甚至咸水湖，其含盐量通常在 1000 mg/L 以上甚至可达到数万毫克每升。咸水湖不宜作为生活饮用水源。我国主要淡水湖大多集中在降雨量较大的东南部地区。

（4）海水。海水是自然状态地表水中含盐量最高的水体，而且水体中各种盐类或离子的含量基本保持恒定，这与其他天然水体明显不同。其中含量最高的成分是氯化物，约占总含盐量的 89% 左右；其次为各种硫化物，再次为碳酸盐；其他盐类含量极少。海水必须经过专门的淡化处理达标后才可作为饮用水水源。

### 3. 受污染水源中的杂质

水源污染问题已经威胁到全世界所有的国家，以有机物的污染问题最为突出。目前世界上已存在 400 多万种有机化合物，其中超过 4 万多种人工合成化学物质，每年还有许多新品种不断出现，并且有很大一部分会由人类生产经营活动而进入水体，例如生活污水和工业废水不经处理就直接排放，残余化肥、除草剂和杀虫剂等随雨水进入水体等，导致水体水质不断恶化。因人类的生产经营活动进入水体的杂质中，除了种类繁多的有机物以外，还包括一些重金属离子等，对人类饮用水安全造成了重大影响。

20 世纪六七十年代，重金属离子的污染受到人们的大量关注。到了 80 年代，有机物的污染逐渐引起人们的重视。不少有机污染物对人体有急性或慢性、直接或间接的毒害作用，会引起人体癌变、畸变等病变。目前已发现自然水体中存在 2221 种有机物，已确认的致癌物有 20 种，可疑致癌物有 23 种，促癌物有 18 种，致突变物有 56 种，总计 117 种有机物成为优先控制的污染物。许多国家都根据本国实际情况制定了优先控制的有毒有机污染物名单。我国在经过大量调查研究之后，由中国环境监测总站制定了可以反映我国环境特点的优先污染物名单，其中有机物分为 12 类，共 58 种，包括 10 种卤代（烷/烯）烃类、4 种氯代苯类、4 种胺、1 种多氯联苯、6 种苯系物、6 种酚类、3 种酞酸酯、8 种农药、6 种硝基苯、7 种多环芳烃、1 种丙烯腈和 2 种亚硝胺。优先控制的无机物 10 种，包括氰化物，砷、铍、镉、铬、铜、铅、汞、镍、铊等元素及其化合物。值得注意的是在传统的氯消毒或预氯化过程中会产生某些有毒有害的有机污染物。例如，腐殖酸等在加氯过程中会形成有致癌作用的三卤甲烷等氯化有机物。我国上海、北京、武汉、哈尔滨、新疆塔什库尔干等地均发现饮用水致突变阳性反应案例。随着科学技术的进步和医学研究的发展，相信有机污染物的毒性和浓度限值将越来越明确。

水源的污染对人类健康造成了很大的威胁。这一方面需要我们加强水源保护意识，严格控制污染源；同时要强化水处理工艺，做好饮用水安全措施。

### 6.1.2 水质标准

水质标准是国家、部门或地区根据居民对健康或者企业生产的要求制定的供水标准，在供水的物理、化学、生物学等方面作出了一系列规定。其中有些指标是描述某一物质的浓度的量，如溶解于水中的各种离子等；另一种描述某一类物质的共同特性，是多种因素对水质影响的共同反映，如水的色度、浊度、总溶解固体等。它们并不代表某一具体成分，但能直接或间接反映水的某一方面使用性质。不同用水对象对水质的要求不同，因此水质标准的制定也不同。随着人们对污染物的认识的不断深入，水质标准也在不断地修改、补充完善之中。

#### 1. 生活饮用水卫生标准

生活饮用水是人类身体健康和生活质量的重要保障，故饮用水水质标准的制定极为严格，特别是在水资源污染问题日益突出的当今社会。随着水质检测技术及医学研究的不断发展，水体污染物对人体健康的影响被进一步深入认识，饮用水水质标准也被不断地修改、补充和完善。我国自1956 年颁发《生活饮用水卫生标准（试行）》实施以来，进行了多次修订，对更多的水质指标进行了补充规定，大多为化学污染物项目。20 世纪初，饮用水水质标准只是在水的外观和预防传染病等方面作出了规定，六七十年代逐渐对重金属离子浓度作出了规定，80 年代又新增了有机污染物的防治。尽管我国《生活饮用水卫生标准》（以下简称《标准》）自执行以来新增了不少规定项目，但由于污染物监测手段和传统水处理工艺的局限，并不能做到完全消除对人类有害的杂质，甚至还有一些未知或不确定的有毒有害物质未列入《标准》。相比发达国家，我国的《标准》还需要继续努力和完善。

现行《标准》中对以下几类水质项目标准作出了规定。一类属于感官性状方面的要求，包括水的浊度、色度、臭和味以及肉眼可见物等方面。这些虽然不是描述某种污染物含量的直接指标，但色、臭、味的存在会直接影响使用者的体验，而且这类指标通常预示着有毒、有害物质的含量超过了一定的指标。比如浊度高的水体中，其浊度形成的悬浮物中通常附着病菌、病毒及其他有害物质。因此，降低浊度不仅在满足感官性状方面具有积极意义，同时对限制水中其他有毒、有害物质含量方面同样意义重大，故降低水的浊度是各国饮用水水质标准制定的一个重要方面。第二类是特定化学元素含量的指标，这类化学元素虽然是人体必需的，但是仍然不希望其超过一定的指标，如水中钠、钾、钙、铁、锌、镁、氯等元素，当其含量过高时，会在生活用水方面产生一些不良影响。例如，铁是合成血红蛋白和氧化酶等所必需的元素，但水中含铁量过高时，会使衣物、器皿染色并形成令人厌恶的沉淀或异味；铜在人体细胞的生长、增殖和某些酶系统的活化过程中起到重要作用，但铜含量超过 1 mg/L 时，会将衣物或白瓷器皿染成绿色；锌是酶的组成成分，参与新陈代谢，但水中锌含量超过 5 mg/L 时便使水产生金属涩味甚至使水浑浊；近年来国外专家研究表明，人们长期饮用硬度过低（即钙、镁含量过低）的水，心血管疾病及癌症发病率增高，但硬度过高的水，会使烧水壶结垢并用以洗衣时浪费肥皂。这类物质含量均需按感官性状或使用要求制定标准。第三类是毒性较低的物质，如挥发酚类、阴离子合成洗涤剂等。酚具有恶臭，饮水加氯消毒时所形成的氯酚恶臭更甚。阴离子合成洗涤剂含量超过 0.5 mg/L 时，水会带有异味并产生泡沫。这类物质也需按感官性状要求制定标准。因此，水质标准中有些化学物质或化学指标是与感官性状相联系的，这里不一一列举。第四类是对人体有毒害的物质，如砷、汞、镉、铬、氰化物、氯仿、苯并（a）芘等。这类有毒物质大多来源于人类活动的污染，自然状态下的水体中，有毒物质含量很少（除高含氟水源）。大多数有毒物质会引起人体的慢性中毒，少部分元素可能会引起急性中毒，各种有毒物质的毒性表现各不相同。例如，氰化物有剧毒，致死剂量在 $50 \sim 60$ mg 之间，主要作用于某些呼吸酶，引起组织内窒息，首先影响呼吸中枢及血管舒缩中枢。低剂量慢性中毒时，会导致甲状腺激素生成量减少。氰化物会使水产生杏仁味，其嗅觉阈浓度为 0.1 mg/L。但此浓度对人体健康已会构成危害，故按毒理学要求，水中含量不得超过 0.05 mg/L。汞及其化合物进入人体后不易排出，主要对人的神经系统、心脏、肾脏和肠胃道有毒害作用。镉化合物会在人体软组织中积累，引起肾脏器官病变并影响酶的正常活动。有研究表明，镉的积累会引起骨痛病。砷虽然也是人体所需元素（它参与细胞代谢过程），但砷化物摄入过量会引起毛细血管、新陈代谢和神经系统等病变。硒也是人体所需元素，硒的摄入量不足会导致克山病，但过量的硒又会损坏人的肝、肾、骨髓和中枢神经等。氟同样是人体必需元素，人体缺氟会引起龋齿，但过量氟能引起牙斑釉和骨硬化。如此看来，砷、硒和氟等虽然都是人体所需元素，但毒性均较明显，故应按毒理学要求限制水中的含量。四氯化碳、氯仿、苯并（a）芘等有机污染物已确认为致癌物或可疑致癌物。我国《标准》与欧共体国家和美国等水质标准的主要差距是在有机污染物方面所列项目较少。上述一类暂行水质目标中所增项目，有机物占相当大比例。

应当指出，水中各种化学物质与健康的关系实际上相当复杂，有些至今仍不很清楚。例如，近来美国有资料认为，水中含氟量过高会引起心血管病和癌症发病率增加。人体缺硒可能与恶性肿瘤有关。此外，进入人体内的各种元素之间还存在生理协同作用与拮抗作用。当两种元素在人体内所引起的共同作用大于同样含量下两者分别所起作用之和时，称协同作用。例如，铜和铁可能起协同作用，没有铜，铁就不能进入血红蛋白分子，故铁元素充足而缺铜时也同样会发生贫血症。当两种元素共同作用使其中一种或两种分别所起作用受到削弱时，称拮抗作用。例如，有资料报道，硒对砷、汞、镉的毒性有缓和作用；锌对镉的毒性也有减弱作用。这些就是拮抗作用的结果。近年还有研究资料报道认为，人体所需主要元素得到满足时，非主要元素就难被吸收。例如，若水中钙、镁含量较高时，人体将会首先选择吸收人体所需的钙、镁元素，在得到满足后将非主要元素铅排泄掉；但若钙、镁含量不能满足人体所需时，细胞就会吸收铅元素，从而导致蛋白质或酶机能障碍。

总之，水中各种化学物质与人体健康关系是相当复杂的。随着医学、环境科学及检测技术的发展，人们对此认识也逐渐深化、明确，各国相应地也会对水质标准进行修改。

现行的《标准》中对细菌学指标仅对细菌总数、总大肠菌数和余氯三项作出了规定。实际上很多病原微生物可以通过水进行传播，包括致病细菌、病毒及病原原生动物等，但要区分测定各种病原微生物显然不现实。因而，自来水厂通过控制细菌总数和总大肠杆菌数来减小水中病原微生物致病的可能性。研究表明大肠杆菌在各种水源中普遍存在，而且数量最多，当水中大肠杆菌类很少时，病原菌将不复存在，同时大肠杆菌的检验也较方便，故目前采用总大肠杆菌数作为水质指标。但大肠杆菌的含量不能很好地表征病毒和原生动物胞囊的含量，这些病毒和原生动物的消失程度与水中浊度指标相关度较高，故可以通过水的浊度来间接判断水中病原微生物的去除程度。此外，总大肠杆菌数不仅反映病原菌消失程度，有些大肠杆菌本身也是致病菌。近年来发现的 $O_{157}$ 大肠杆菌和 1975 年引起肠泻流行病的产毒大肠埃希氏菌亚类，改变了人们多年来认为大肠杆菌不属于致病菌的观念。

余氯量指氯消毒过程中残余的游离态氯气含量。它的存在可以保证供水过程中消毒效果的维持，可以抑制水中病原微生物在管网传输过程中的再度繁殖，可起到水体是否会受到二度污染的指示作用，在《标准》中作为一项细菌学指标被引入。

**2．工业用水水质标准**

工业用水的制定标准根据其用途的不同而不同。例如一些工业用水，其对水中溶解物的去除标准通常都不一样。

食品、酿造及饮料工业的原料用水，对水质要求具有很高的标准。

纺织、造纸等工业用水，要求水质清澈，需要严格控制易于使产品产生斑点的杂质的含量。如铁和锰会使织物或纸张产生锈斑，硬度过高的水会导致钙斑的产生。

锅炉的用水则要求去除各种会导致设备腐蚀、结垢及引起汽水共腾现象的杂质。锅炉用水的水质标准还受到其压力和构造的影响，一般是随锅炉内压力的增大而要求越严格。对于低压锅炉（压力小于 2450 kPa），主要要求是去除水中的钙、镁离子，控制含氧量及水的酸碱度。当水的硬度符合要求时，即可避免水垢的产生。

在电子工业中，为防止零件清洗过程中水中的带电杂质使产品线路损坏，需要清洁水为纯水，特别是半导体器件及大规模集成电路的生产，需要用到"高纯水"进行清洗。高灵敏度的晶体管和微型电路所需的高纯水，总固体残渣应小于 1 mg/L。电阻率（在25℃左右）应大于 $10 \times 10^6 \; \Omega \cdot cm$水中微粒尺寸即使在 1 $\mu$m 左右，也会直接影响产品质量甚至直接损坏产品。

此外，工矿企业在生产过程中经常需要大量冷却水，用以冷凝蒸气或为工艺流体或设备降温。冷却水作为能量交换媒介，不仅要求水温要低，同时还有一些其他要求，比如对悬浮物、藻类及微生物含量的要求，这些悬浮物有可能会造成管道的堵塞。因此还应控制水中易造成管道和设备结垢、腐蚀的元素以及造成堵塞的微生物的含量。

总之，工业用水的水质优劣，与工业生产的发展和产品质量的提高关系极大。各种工业用水对水质的要求由有关工业部门制定。

## 6.2 过滤

过滤是去除水中悬浮物、胶体等杂质的一项重要工艺，以石英砂、无烟煤等粒状颗粒对杂质进行截留、吸附等予以去除。水厂中，通常将原水经沉淀池或澄清池初步处理之后，再送入过滤池中进行处理，进水浊度在10度以下。滤池的出水浊度应达到饮用水标准。过滤的重要意义不仅在于可以很好地得到浊度达到标准的饮用水，更重要的意义在于将水中的细菌、病毒依附的浑浊物予以去除，提高后续消毒处理的效率。而且在降低水的浊度的同时也去除了部分水中有机物、细菌乃至病毒等。在饮用水处理过程中，沉淀池或澄清池也许可以省略，但滤池必不可少，它是保障饮用水安全的重要措施。

### 6.2.1 过滤流程

滤池的组成形式多种多样。最早的滤池是以石英砂作为滤料来进行过滤处理的。在此基础上，人们进一步发展了其他形式的快滤池以改进过滤效果。改进的目的是为了最大限度地发挥滤料层截留杂质的能力，例如，双层、多层及均质滤料滤地，上向流和双向流滤池等。为了减少滤池阀门，出现了虹吸滤池、无阀滤池、移动冲洗罩滤池以及其他水力自动冲洗滤池等。在冲洗方式上，有单纯水冲洗和气水反冲洗两种。不同滤池的过滤原理基本一样，基本流程也大体相同。现根据如图 6.1 所示的普通过滤池的工作原理来介绍快滤池工作流程。

#### 1. 过滤

如图 6.1 所示的快滤池，进行过滤时，首先开启进水支管 2 与清水支管 3 的阀门，同时关闭冲洗水支管 4 的阀门与排水阀 5。浑水就经进水总管 1、支管 2 从浑水渠 6 进入滤池。然后经过滤料层 7、承托层 8 的过滤后，水流由配水系统的配水支管 9 汇集起来再经配水系统干管渠 10、清水支管 11、清水总管 12 流往清水池。这个过程中水中悬浮物被滤料滤除。同时杂质的截留会减小滤料间隙，从而导致水头损失的增加。当水头损失过大或出水水质不达标时，应进入冲洗阶段。

### 2．冲洗

冲洗时，关闭进水支管 2 与清水支管 3 阀门，开启排水阀 5 与冲洗水支管 4 阀门。冲洗水即由冲洗水总管 11、支管 4，经配水系统的干管、支管及支管上的许多孔眼流出，由下而上穿过承托层及滤料层进行冲洗。滤料层于是以悬浮状态处于水流中，由于水的冲力将杂质剥离滤料，最后杂质随冲洗水排除使得滤料得到清洗。冲洗废水流入冲洗排水槽 13，再经浑水渠 6、排水管和废水渠 14 进入下水道。冲洗结束后，就可以重启过滤过程。过滤开始到冲洗结束的这一段时间称为快滤池工作周期。

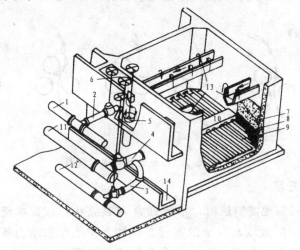

**图 6.1  普通快滤池构造剖视图**

1—进水管；2—进水支管；3—清水支管；4—冲洗水支管；5—排水阀；6—浑水渠；7—滤料层；8—承托层；9—配水支管；10—配水支管；11—冲洗水总管；12—清水总管；13—冲水排水槽；14—废水渠

快滤池的产水量可由滤速（单位为 m/h）来表征。滤速的定义为：表示单位时间，单位过滤面积上的过滤水量，单位为 $m^3/(m^2 \cdot h)$。对于不同形式的滤池，其滤速具有一定的规范：对于单层砂滤池，其滤速应控制在 $8 \sim 10$ m/h，对于双层滤料的滤池，其滤速应控制在 $10 \sim 14$ m/h，对于多层滤料的滤池，过滤能力比较强，滤速可以达到 $18 \sim 20$ m/h。工作周期的长短表征了滤池实际工作的有效时间，直接影响滤池的产水量。周期过短，滤池的有效工作时间就短，产水量相应就少。一般应设计工作周期在

$12 \sim 24$ h 之间。

## 6.2.2 过滤机理

各种形式的滤池其过滤原理都比较相似,我们以最简单的单层砂滤池为例来介绍。单层砂滤池的滤层布置通常采用粒径为 $0.5 \sim 1.2$ mm、厚度为 70 cm 的石英砂来完成。滤料经反冲洗后,会按由细到粗、自上而下依次排列,相应的滤层中孔隙也自上而下逐渐增大。假设滤料粒径为 0.5 mm,滤层中孔隙尺寸约 80 $\mu$m。由于悬浮颗粒与滤料颗粒之间黏附作用,即使尺寸小于 30 $\mu$m 的悬浮物颗粒进入滤池,仍然能被滤层截留下来。

水流中悬浮颗粒吸附于滤料颗粒的过程涉及两个机理:其一为迁移机理,即被水流挟带的颗粒脱离水流流线而靠向滤料颗粒表面的过程;其二为黏附机理,即杂质颗粒黏附于滤粒表面的过程。

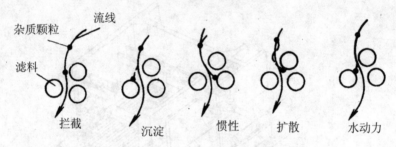

图 6.2　颗粒迁移机理示意图

### 1. 颗粒迁移

水流流过滤池滤料层时,水流通常为层流状态。被水流挟带的杂质颗粒随着滤料的拦截以及自身的沉淀、惯性、扩散和水动力等因素逐渐脱离水流向滤粒靠近,如图 6.2 所示为几种迁移机理的示意图。较大尺寸的颗粒会被滤料直接拦截而被过滤;较重的颗粒其重力大于水力,所以会下沉脱离流线而被过滤;同时较重的颗粒惯性也比较大,不容易随水流方向的改变而改变运动方向,从而脱离流线与滤料表面接触;较小颗粒的布朗运动比较剧烈,剧烈的运动会使颗粒因扩散而脱离水流流线(扩散作用);水流流过滤料颗粒时流速会发生改变,从而产生速度梯度,颗粒会由于不同流速的水流冲击而产生转动,从而脱离流线(水动力作用)。

对于上述迁移机理,目前只能定性描述,尚无法定量给出其作用大小。目前的数学模式涉及的影响因素太多,实际情况比较复杂,尚无法解析计算。对于不同的颗粒,发生迁移的机理可能不同。这些迁移机理受到滤料尺寸、形状,原水的流速、水温以及杂质的尺寸、形状和密度等因素影响。

## 2．颗粒黏附

黏附作用是一种物理化学现象。杂质颗粒和滤料之间存在范德华引力和静电力，以及某些化学键的结合和某些特殊的化学吸附力，杂质颗粒会受到滤料颗粒的吸附力而脱离水流。此外，还会存在絮凝颗粒的架桥作用。黏附作用主要决定于滤料和水中颗粒的表面物理化学性质。在过滤的后期，滤层中因杂质颗粒的堆积导致孔隙尺寸越来越小，这时表层滤料的筛滤作用越来越大，但一般并不希望这种现象发生，原因后面会讲。

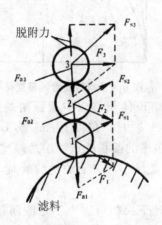

图 6.3　颗粒黏附和脱附力示意图

## 3．滤层内杂质分布规律

水流流过孔隙时，不仅有吸附的过程，同时存在剥落的过程，水流剪力会将杂质颗粒剥离滤料颗粒。颗粒黏附和脱落的程度取决于黏附力和水流剪力的相对大小。如图 6.3 所示为颗粒黏附力和平均水流剪力示意图。图中 $F_{a1}$、$F_{a2}$ 分别表示颗粒 1 和颗粒 2 与滤料表面的黏附力大小；$F_{s1}$、$F_{s2}$ 分别表示颗粒 1 和颗粒 2 所受到的平均水流剪力；$F_1$、$F_2$ 和 $F_3$ 均表示合力。在过滤的初期，杂质颗粒的沉积量还不是很大，滤料间孔隙较大，水流的流速不大，相应的 $F_s$ 较小，这时黏附力占主导地位。随着进入过滤的后期，滤料孔隙逐渐变小，这时 $F_s$ 逐渐增大，当剪力大于颗粒间黏附力时，滤料表面的杂质颗粒（如图 6.3 中颗粒 3）将被剥落下来，这时下层滤料开始发挥作用。

然而，在下层滤料的截留能力得到充分发挥之前，即会由于上层滤料孔隙的减小而导致的滤速严重减小，或者因滤层表面受力不均匀，从而将杂质形成的泥膜冲裂导致出水水质恶化等情况，不得不停止过滤。滤层截污量随深度增加变化很大，如图 6.4 所示。

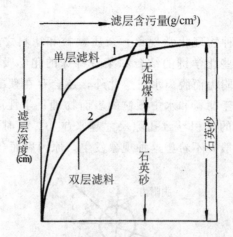

图 6.4 滤料层含污量变化

图中滤层含污量指单位体积滤层中所截留的杂质量。将整个滤层的平均含污量称为"滤层含污能力"，仍以 g/cm³ 或 kg/m³ 计，数值上就等于图 6.4 中曲线与坐标轴所包围的面积除以滤层总厚度。显然，若下层滤料截污作用越小，曲线下面积就越小，表明滤池含污能力越小，反之表明滤池含污能力越大。

为了改善单层砂滤池下层截污能力不足的问题，提高滤池的含污能力，人们设计了双层滤料、三层滤料或混合滤料及均质滤料等过滤池，如图 6.5 所示。

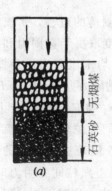
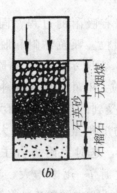
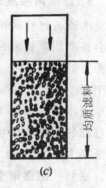

图 6.5 几种滤料组成示意图

双层滤料组成：采用两种不同密度和粒径的颗粒，如无烟煤和石英砂。无烟煤密度较小、粒径较大，石英砂密度较大、粒径较小，在反冲水的作用下，石英砂沉积在下层，无烟煤落在了上层，见图 6.5 （a）。这样就实现了上层粒径大于下层粒径的滤池，与单层砂滤池刚好相反，从而可以充分发挥下层滤料的截流作用。实践证明，双层滤料含污能力较单层滤料约高 1

倍以上。这样就可以提高流速或者增加滤池的过滤周期。图 6.4 中曲线 2 （双层滤料）与坐标轴所包围的面积大于曲线 1（单层滤料），表明在滤层厚度相同、滤速相同下，前者含污能力大于后者，间接表明前者过滤周期长于后者。

三层滤料组成：三层滤池是对两层滤池的进一步改进，是在石英砂层下再增加一层粒径更小、密度更大的石榴石，从而形成了自上而下顺序排列的无烟煤、石英砂、石榴石过滤层，见图 6.5（b）。各层滤料平均粒径由上而下递减，从而增加了滤池的含污能力。

如果选择合适的粒径，使每一层滤层上均同时存在煤、砂、重质矿石等三种滤料，则称"混合滤料"。不过混合滤料并不意味着整个滤层内都是均匀分布着三种滤料，上、中、下层仍然主要分布着无烟煤、石英砂、石榴石等，只是每层少量掺杂着其他两种滤料。平均粒径仍然要保持着自上而下递减的趋势，否则又类似于单层砂滤池而不能充分发挥下层滤料的截污能力。这种滤池不仅含污能力大，且因下层重质滤料粒径很小，可以很好地保证滤池出水的水质。

所谓"均质滤料"，是指滤料在滤层的任一横断面上，其组成和平均粒径均匀一致见图 6.5（c）。这就要求滤料层在反冲洗时不能膨胀。气水反冲滤池大多采用这种滤料。这种滤料层可以充分发挥整个滤层的截污能力，因此含污能力较强。

滤层改进的方向基本都是通过改善下层滤料的截留能力，来提高整个滤池的含污能力，这样也会增加滤池的出水量。实际上，对于各种形式的滤池来说，其工作原理和工作流程大体相似。

在过滤过程中，有学者试图对杂质颗粒截留量随着过滤时间和滤层深度变化的规律，以及水头损失变化规律进行数学建模加以描述，但由于影响因素很多，包括滤速，滤料粒径、形状和级配，水质，水温，悬浮物的表面性质、尺寸和强度等，都会影响滤池的过滤效果。因此，目前并没有得到一个令人满意的过滤方程。目前在设计和操作中，主要还是根据实验或经验来给出判断。不过，已有的研究成果可以用来指导实验或提供合理的数据分析整理方法。

**4. 直接过滤**

直接过滤是指过滤前没有对原水经过沉淀处理的技术。直接过滤可以充分发挥深层滤料对凝絮悬浮物的去除能力。直接过滤操作方式有两种：

（1）原水不经过任何絮凝处理，直接加药后送入过滤池过滤。通常称为"接触过滤"。

（2）原水加药混凝的过程发生在微絮凝池中，悬浮颗粒在形成粒径为

$40 \sim 60\ \mu m$左右的微絮粒后被送入滤池予以去除，称为"微絮凝过滤"。

实际上这两种过滤方式的过滤原理并没有什么不同，都是为了增加杂质颗粒与滤料颗粒的碰撞和黏附作用。但是第一种方式不易控制进入滤池的微絮粒尺寸，第二种方式通过增加一个前置微混凝池来进行控制。"微絮凝池"不同于常规的絮凝池。微絮凝池希望形成的絮凝颗粒尺寸较小，使得絮凝颗粒可以深入滤层深处而发挥深层滤料的过滤作用，这样的好处是可以提高整个过滤池的含污能力；絮凝池则希望絮凝颗粒尺寸越大越好，这样就可以充分发挥沉淀池的作用。微絮凝的持续时间较短，一般不超过几分钟。

采用直接过滤工艺应该满足一定的条件：

1）一般要求原水的水质比较稳定，且浊度（<50度）和色度较低。若原水水质存在较大变化的可能时，则不宜采用直接过滤方式。

2）若考虑直接过滤一般需要采用双层、三层或均质滤料，且滤料粒径和厚度应适当增大，以提高滤池的工作周期。

3）直接过滤前，不管采用哪种方式，均应避免产生大粒径的絮凝体，以免很快堵塞上层滤料孔隙，从而浪费深层滤料的去污能力。有时还需投加高分子助凝剂以提高微絮粒强度和黏附力，从而减少滤料表面杂质的脱落，保证出水的水质。助凝剂应在混凝剂投加之后进行投加，位于滤池进水口附近。

4）滤速取决于原水的水质。原水浊度越高，滤速选择应该越低。因缺少混凝沉淀的预处理，滤速选择应偏谨慎。原水浊度超过50度时，设计滤速应不超过5 m/h，有条件的话最好进行试验后决定。

直接过滤工艺简单，混凝剂消耗量较少。对于湖泊、水库等低浊度水的处理方面极具优势。

### 6.2.3 过滤水力学

在过滤过程中，随着悬浮颗粒在滤层中的不断累积，必然会改变过滤水力条件。过滤水力学所涉及的就是描述水流通过滤层的水头损失变化及滤速变化的内容，下面将进行详细论述。

#### 1. 清洁滤层水头损生

过滤开始的阶段，滤料表面并没有吸附多少杂质。这时因过滤产生的水头损失称"清洁滤层水头损失"，或称"起始水头损失"。以单层砂滤池为例，其滤速通常为$8 \sim 10$ m/h，而起始水头损失大约为$30 \sim 40$ cm。

通常过滤初始阶段的水流在滤料层中属层流状态。这时的水头损失正比于滤速的一次方。水头损失计算公式包括多种影响因素，且它们之间关系基本是确定的，但是公式中的相关常数或公式形式可能对某种影响因素的侧重，会存在一定的不同，但是最终计算结果相差有限。这里仅介绍卡曼－康采尼（Carman－Kozony）公式：

$$h_0 = 180 \frac{\nu}{g} \frac{(1-m_0)^2}{m_0^3} \left(\frac{1}{\varphi \cdot d_0}\right)^2 l_0 v \qquad (6.2.1)$$

式中，$h_0$ 表示过滤初期的水头损失，通常以 cm 为单位；$\nu$ 表示水的运动黏度，单位为 cm$^2$/s；$g$ 为重力加速度；$m_0$ 代表滤料孔隙率；$d_0$ 表示滤料直径；$l_0$ 代表滤层厚度；$v$ 表示滤速；$\varphi$ 表示滤料颗粒球度系数。

实际过滤池中滤料的粒径总是非均匀的。这并不意味着式（6.2.1）就没有意义，在实际计算滤料层中的水头损失时，可以将滤层按筛分曲线分为若干粒径相近的层，然后再对各滤层粒径取平均而转化为均匀粒径来计算，通常取相邻两筛子的筛孔孔径的平均值作为各层的计算粒径。最后过滤池滤层总水头损失就是各层水头损失之和。对于滤料粒径线性增大的过滤层，可以通过估计粒径为 $d_i$ 的滤料在全部滤料中的占比 $p_i$，则清洁滤层总水头损失可表示为：

$$H_0 = \sum h_0 = 180 \frac{v}{g} \frac{(1-m_0)^2}{m_0^3} \left(\frac{1}{\varphi}\right)^2 l_0 v \sum_{i=1}^{n} (p_i/d_i^2) \qquad (6.2.2)$$

分层数越多，计算精确度越高。

随着过滤时间的推移，悬浮物逐渐将滤层孔隙堵塞减小。由式（6.2.2）可知，当滤料粒径、形状、滤层级配和厚度以及水温等其他条件不变时，孔隙减小将导致滤速减小或者水头损失的增加。由此就出现了等速过滤和变速过滤两种过滤方式。

### 2. 等速过滤分析

等速过滤是指始终保持滤速不变的过滤方式，意味着滤池流量不变。常见的等速过滤池包括虹吸滤池和无阀滤池。由式（6.2.2）可知，等速过滤池的水头损失会随过滤时间的推移而逐渐增加，这会导致滤池中水位逐渐上升，如图 6.6 所示。当水位达到一定的允许水位时，就必须停止过滤过程来进行清洗。

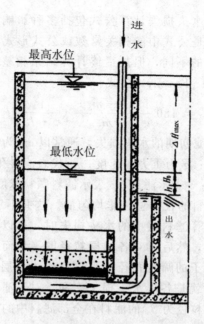

图 6.6　等速过滤

在一个新的过滤周期开始的阶段，这时水头损失为清洁滤层，记为 $H_0$。经过 $t$ 小时的过滤后，水头损失增加了 $\Delta H_t$，这时过滤层的总水头损失可表示为：

$$H_t = H_0 + h + \Delta H_t \tag{6.2.3}$$

式中，$h$ 表示配水系统、承托层和管渠水头总损失。$H_0$ 和 $h$ 在过滤过程中可认为保持恒定。滤料层水头损失 $\Delta H_t$ 是随 $t$ 增加而增大的。$\Delta H_t$ 与 $t$ 的关系反映了滤层孔隙随时间的变化关系。目前存在一些计算等速过滤过程中水头损失的数学公式，但是都不能很好地描述真实的过程。经过实验测定，$\Delta H_t$ 与 $t$ 一般为线性关系，如图 6.7 所示。图中 $H_{max}$ 表示滤层水头损失最大时的过滤总水头损失，该值应根据技术经济条件来决定，一般为 $1.5 \sim 2.0$ m。图中 $T$ 表示过滤周期，过滤周期不仅决定于最大允许水头损失，还与滤速有关。当实际滤速 $v'$ 大于设计滤速 $v$ 时，即有 $v' > v$，由式（6.2.2）可知 $H'_0 > H_0$，同时也会增加滤层单位时间内截留的杂质量，这又会导致水头损失增速加快，即 $\mathrm{tg}a' > \mathrm{tg}a$，总的结果就是过滤周期 $T' < T$。以上分析过程忽略了承托层及配水系统、管（渠）等水头损失的微小变化。

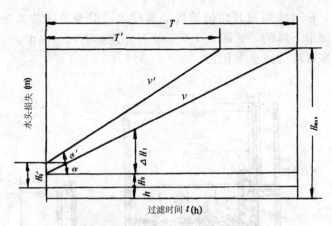

**图 6.7　水头损失与过滤时间关系**

以上仅讨论整个滤层水头损失的变化情况，至于由上而下逐层滤料水头损失的变化情况就比较复杂。鉴于滤层截污量通常是随着深度的增加而减小，因而水头损失增值也由上而下逐渐减小。如果图 6.6 中出水堰口低于滤料层，则各层滤料水头损失的不均匀有时将会导致某一深度出现负水头现象。

**3. 变速过滤分析**

变速过滤是指为保持滤池流量而导致的滤速随过滤过程的深入而逐渐减小的过程，有时也称为"减速过滤"。移动罩滤池就是一种常见的变速过滤的滤池。

在过滤过程中，若保持水头损失始终不变，则根据式（6.2.2）可知，随着滤层孔隙率的逐渐减小，必须使滤速相应地减小，这种情况称"等水头变速过滤"。这种变速过滤方式，在普通快滤池中一般不可能出现。因为一级泵站流量基本不变，即滤池进水总流量基本不变，所以，尽管水厂内设有多座滤池，根据水流进、出平衡关系，要保持每座滤池水位恒定而又要保持总的进、出流量平衡当然不可能。不过，在分格数很多的移动冲洗罩滤池中，通常可以近似为"等水头变速过滤"状态。

当快滤池进水渠相互连通，且每座滤池进水阀均处于滤池最低水位以下，如图 6.8 所示，则减速过滤将按如下方式进行。假设图中所示为一个由 4 座滤池组成的滤池组，将 4 座滤池按截污量由少到多依次排列，它们的滤速则与之相反，依次减小，这样可以对滤池进行分别清洗。由于进水渠相互连通，那么这 4 座滤池内的水位在任何时间内基本上都是相等的，见图 6.8。这样布置的好处是在整个过滤过程中，4 座滤池的平均滤速始终不变，以保持总的进、出流量平衡。对滤池组中任一座滤池而言，其滤速是逐渐减小的。在过滤周期开始的阶段滤速最大，但与普通快滤池不同的是其滤速是阶梯形下降的，如图 6.9 所示，而非连续下降。图中表示 1 组 4 座滤池中某一座滤池的滤速变化。

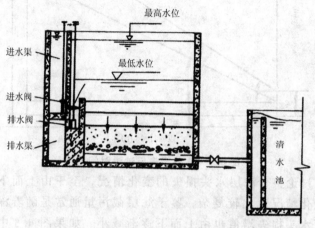

图 6.8　减速过滤

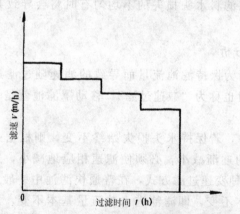

图 6.9　滤池滤速变化曲线

　　滤速的突变发生在池组中有滤池进行冲洗完毕后重新投入运行的阶段。当 4 座滤池均处于过滤状态时，每座滤池均按照自己的滤速保持等速过滤方式运行。一旦有滤池经过冲洗后重新投入运行，由于其滤速相对较大，在滤池组的总流量不变的情况下，干净滤池的流量增大自然就导致了其他滤池的流量和滤速的下降，突然增大的过滤流量会使水位突然下降。每个折线突变的时刻就代表有干净的滤池投入使用。若将很多滤池连通，减小其中两座滤池冲洗间隙，则滤速变化曲线可近似为连续曲线。例如，移动冲洗罩滤池每组分格数多达十几至几十格，几乎连续地逐格依次冲洗，可以使滤池的滤速变化曲线接近连续。

应当指出，在变速过滤中，当某一格滤池处于过滤周期的初始阶段时，其滤速往往超过了该滤池的设计滤速。为保证过滤池出水的水质，往往需要在出水管上装设流量控制设备，以控制新投入运行的滤池的起始滤速。因此，在实际操作中，滤速变化较上述分析还要复杂些。

克里斯比等人对这种减速过滤进行了较深入的研究后指出，在平均滤速相同情况下，减速过滤的过滤效果要比等速过滤的效果更好一些，且水头损失更小。原因是过滤刚开始的时候，滤料间孔隙较大，相应的滤速要高于其他滤池，但孔隙中流速并非随滤速增高而线性增大。相反，在过滤的后期，滤料间孔隙较小，但孔隙流速并没有明显减小。在减速过滤初期，较大的滤速使下层滤料的利用率更高；在过滤的后期，滤速减小，又可以防止悬浮颗粒穿透滤层而导致出水水质变差。等速过滤并没有这种效果。

## 6.3 水的消毒

为防止病毒以饮用水为媒介进行传播，居民生活饮用水供水过程中必须进行消毒。消毒是指利用物理、生物、化学等手段消除水中的致病微生物。

消毒是对经过沉淀过滤处理后的水进行进一步处理的过程，是生活饮用水安全、卫生的最后保障，在饮用水处理过程中是必不可少的。

水的消毒方法包括氯及氯化物消毒、臭氧消毒、紫外线消毒及某些重金属离子消毒等。其中氯消毒是应用最为广泛，也是最早使用的一种消毒方法，它具有经济有效、操作简单等优点。但 20 世纪 70 年代发现，氯消毒的过程中会导致一些对人体有害的物质的产生，例如三卤甲烷等，从此其他消毒方法受到了人们的重视，例如，二氧化氯消毒法。但这并不意味着氯消毒就失去了其应用价值。氯消毒过程中的有害物的产生主要来自腐殖酸和富里酸等有机污染物，对于没有有机物污染物的水源或者是在消毒开始前即采取措施将有机污染物去除，氯消毒仍然具有重要的应用价值。

### 6.3.1 氯消毒

氯气易溶于水，氯气与水发生作用产生次氯酸：

$$Cl_2 + H_2O \rightleftharpoons HdO + HCl \tag{6.3.1}$$

次氯酸是很小的中性分子，可以穿透带负电的细菌表面细胞壁到达细胞内部，使细菌的酶系统发生氧化而死亡。实际上很多地表水源中，由于有机污染而含有一定的氨氮，会消耗掉一部分次氯酸：

$$NH_3 + HdO \rightleftharpoons NH_2Cl + H_2O \qquad (6.3.2)$$

$$NH_2Cl + HdO \rightleftharpoons NHCl_2 + H_2O \qquad (6.3.3)$$

$$NHCl_2 + HdO \rightleftharpoons NCl_3 + H_2O \qquad (6.3.4)$$

因此，消毒作用比较缓慢，需要较长时间的接触才能完全消毒。三种氯胺均具有消毒效果，$NHCl_2$ 的消毒效果比 $NH_2Cl$ 要好，但 $NHCl_2$ 有臭味。当溶液呈酸性时，$NHCl_2$ 的浓度较高，消毒效果较好。$NCl_3$ 的消毒效果极差，且具有恶臭味。$NCl_3$ 不容易产生，且其溶解度很低，不稳定而易气化，所以 $NCl_3$ 对饮用水造成的影响有限。

### 6.3.2 二氧化氯消毒

二氧化氯（$ClO_2$）在常温常压下是一种黄绿色气体，有刺激性气味，沸点 11 ℃，凝固点-59 ℃，极不稳定，气态和液态 $ClO_2$ 均易爆炸，故必须以水溶液形式现场制取，即时使用。$ClO_2$ 易溶于水，其溶解度约为氯的 5 倍。高浓度的 $ClO_2$ 水溶液显橙色，$ClO_2$ 在水中以溶解气体存在，不与水发生反应。$ClO_2$ 水溶液在较高温度与光照下会生成 $ClO_2^-$ 与 $ClO_3^-$，在水处理中 $ClO_2$ 参与氧化还原反应也会生成 $ClO_2^-$。$ClO_2$ 溶液浓度在 10 g/L 以下时没有爆炸危险，水处理中 $ClO_2$ 浓度远低于 10 g/L。

制取 $ClO_2$ 的方法很多，现介绍几种制取 $ClO_2$ 的方法：

（1）用亚氯酸钠（$NaClO_2$）和氯气（$Cl_2$）制取，反应如下：

$$Cl_2 + H_2O \rightarrow HClO + HCl \qquad (6.3.5)$$

$$NaClO_2 + HClO + HCl \rightarrow 2ClO_2 + 2NaCl + H_2O \qquad (6.3.6)$$

$$Cl_2 + 2NaClO_2 \rightarrow 2ClO_2 + 2NaCl \qquad (6.3.7)$$

（2）用酸与亚氯酸钠反应制取，反应如下：

$$5NaClO_2 + 4HCl \rightarrow 4ClO_2 + 5NaCl + 2H_2O \qquad (6.3.8)$$

$$10NaClO_2 + 5H_2SO_4 \rightarrow 8ClO_2 + 5Na_2SO_4 + 4H_2O \qquad (6.3.9)$$

在采用式（6.3.9）的反应制备 $ClO_2$ 时，要避免硫酸直接与固态 $NaClO_2$ 接触，否则容易发生爆炸。此外，还要控制反应物（$NaClO_2$ 和 HCl 或 $H_2SO_4$）的浓度，当浓度过高时，反应时也有可能发生爆炸。

二氧化氯是很强的氧化剂。在消毒时，$ClO_2$ 可有效地穿透细菌的细胞壁，从而进入细菌内部破坏其含巯基的酶。Bermard 发现，$ClO_2$ 还可抑制微生物蛋白质的合成，从而达到消灭细菌、病毒等效果。此外 $ClO_2$ 不会与水中有机物作用生成三卤甲烷。基于此，$ClO_2$ 得到了大量的应用。$ClO_2$ 消毒还具有以下优点：比 $Cl_2$ 的消毒效果更好；$ClO_2$ 在管网中的衰减速度比 $Cl_2$ 慢，可以更好地保持消毒效果；由于 $ClO_2$ 不发生水解，故 $ClO_2$ 的消毒效果受水的酸碱度影响很小。作为氧化剂时，$ClO_2$ 能有效地去除水中铁、锰、酚以及造成水的色、臭等的物质。不过，需要注意以下问题：$ClO_2$ 和 $ClO_2^-$ 会损坏人体红细胞，同时还会造成人体的神经系统及生殖系统的损害。目前美国 EPA 规定：水中剩余 $ClO_2$ 和 $ClO_2^-$ 等总量不得超过 1.0 mg/L。作为消毒剂，一般 $ClO_2$ 浓度在 1.0～2.0mg/L 范围内，影响并不大，但作为氧化剂，$ClO_2$ 投加量变化较大，就应注意水中剩余 $ClO_2$ 和 $ClO_2^-$ 的副作用。目前，制取 $ClO_2$ 的成本还是很高，可高达 $Cl_2$ 成本的 10 倍，因而并没有得到大量应用。不过，欧美等发达国家对于 $ClO_2$ 的使用已日益增多。我国也开始重视 $ClO_2$ 的应用。

### 6.3.3 漂白粉消毒

漂白粉（$CaOCl_2$）由氯气和石灰加工而成，有效氯含量约为 30%。还存在一种分子式为 $Ca(OCl)_2$ 的漂白精，其有效含氯量约为 60% 左右。它们都是白色粉末，易因光、热和潮等分解，应置于阴凉干燥和通风良好的环境下保存。漂白粉与水的反应式为：

$$2CaOCl_2 + 2H_2O \rightarrow 2HOCl + Ca(OH)_2 + CaCl_2 \qquad (6.3.10)$$

反应产物有 $HOCl$，与 $Cl_2$ 的消毒原理相同。一般用于小水厂或临时性给水。

除以上介绍的几种方法外，还有氯胺消毒、紫外线消毒、臭氧消毒、高锰酸钾消毒、次氯酸钠消毒、重金属离子（如银）消毒及微电解消毒等等。实际使用中，经常采用多种消毒方法进行组合，以达到最佳的消毒效果，目前还在不断探索研究。

## 6.4 地下水的除铁、除锰和除氟

含铁、含锰和含氟地下水在我国分布很广，铁虽然是人体必需的元素，但是含铁量太高时，会使水带有铁腥味；作为工业生产用水时，会因产生锈斑而影响产品质量；作为生活用水时，会使家庭用具产生锈斑，使衣物带有黄色或棕黄色等斑渍。

水中锰与铁类似，在含量高时，使水质及用水产生一系列的影响。例如使水有色、臭、味，损害纺织、造纸、酿造、食品等工业产品的质量，使家用器具呈棕色或黑色，衣物带有微黑色或浅灰色斑渍等。

氟含量高的水会严重损害人的牙齿和骨骼，轻者产生氟斑牙，使患者牙釉质损坏、牙齿过早脱落等，重者患有骨关节疼痛，甚至会导致骨骼畸变，出现弯腰驼背等病变，所以饮用水应严格控制含氟量。

我国饮用水水质标准中规定，饮用水中铁和锰的含量分别不得超过0.3 mg/L和0.1 mg/L，这主要是为了防止水的臭味或沾污生活用具或衣物，并没有毒理学的意义。规定饮用水中含氟量不得超过1 mg/L。

### 6.4.1 地下水除铁方法

本节所要讨论的除铁对象是溶解状态的铁，主要包括：

（1）以 $Fe^{2+}$ 或水合离子形式 $FeOH^+ \sim Fe(OH)_3^-$ 存在的二价铁。水的总碱度高时，$Fe^{2+}$ 主要以重碳酸盐的形式存在。

（2）$Fe^{2+}$ 或 $Fe^{3+}$ 形成的络合物。铁可以和硅酸盐、硫酸盐、腐殖酸、富里酸等相络合形成无机或有机络合铁。

在设计除铁工艺之前，除了总铁含量须测定外，还须知道铁的存在形式，因此须在现场采取代表性水样进行详细的分析。地下水中如有铁的络合物会增加除铁的困难。一般当水中的含铁总量超过按 pH 和碱度的理论溶解度值时，可认为有铁的络合物存在。

地下水除铁、锰是氧化还原反应过程。采用锰砂或锈砂去除铁、锰的过程，实际上是一种催化氧化过程（见后文）。去除地下水中的铁、锰，一般都利用同一原理，即将溶解状态的铁、锰氧化成为不溶解的 $Fe^{3+}$ 或 $Mn^{4+}$ 化合物，便可通过沉淀而去除。铁和锰的化学反应因环境因素的影响，变化很大，以下先讨论铁的化学平衡和氧化。

水中铁的氧化速率受氧化还原电位 $E_H$、pH 值、重碳酸盐、硫酸盐和溶解硅酸等的影响，其氧化过程比较复杂。例如，一般假定铁氧化后成为氢氧化铁沉淀，但如水的碳酸盐碱度大于 250 mg/L 时，可能生成碳酸亚铁 $FeCO_3$ 沉淀，而不是 $Fe(OH)_3$ 沉淀。此外，有机络合剂可使铁的反应更为复杂，各种腐殖质可以和铁络合成为有机铁，使氧化过程非常缓慢，此时如用曝气氧化法，由于氧化时间太短，不能将络合物破坏，因此几乎很少有除铁效果。

地下水中铁的化学平衡可以用 $E_H - pH$ 图来模拟，见图 6.10。图中表示了不溶解固体 $Fe(OH)_2$、$Fe(OH)_3$、$FeCO_3$ 和 $FeS_2$ 的分界线，分界线两侧的固体彼此保持平衡。还标出固相和液相 $Fe^{3+}$、$Fe^{2+}$ 的分界线以及各溶液组分之间 $Fe^{3+}/Fe^{2+}$ 的分界线，并且表示了铁浓度从 10 mol 到 $10^{-5}$ mol 的固液边界。

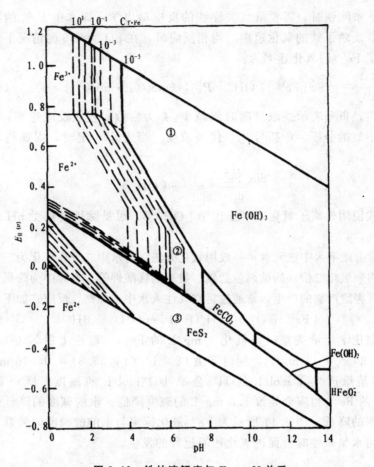

图 6.10  铁的溶解度与 $E_H$、pH 关系

从图 6.10 可以看出各种铁的稳定和占优势范围，并可确定 $Fe^{2+}$ 氧化为 $Fe^{3+}$ 成为 $Fe(OH)_3$ 沉淀的 $E_H - pH$ 条件。为使铁从溶解状态转变为沉淀物，必须设法升高氧化还原电位 $E_H$ 和 pH。

图 6.10 中的①范围内，铁和水中的氧处于平衡状态，主要的含铁化合物是不溶解的 $Fe(OH)_3$ 固体，水中含铁量很低。由下式确定：

$$Fe(OH)_3 + 3H^+ \rightleftharpoons Fe^{3+} + 3H_2O \qquad (6.4.1)$$

在②范围内，由碳酸亚铁 $FeCO_3$ 固体控制水中铁的浓度：

$$FeCO_3 + H^+ \rightleftharpoons Fe^{2+} + HCO_3^- \qquad (6.4.2)$$

这时，铁的浓度就可能很高，而碳酸盐浓度也相应增加。

在③范围内，$FeS_2$ 已经沉淀，水中铁的浓度控制于：

$$FeS_2 \rightleftharpoons Fe^{2+} + S_2^- \qquad (6.4.3)$$

这类水中的含铁量很低，硫酸盐含量也少，但常含微量的硫化氢。

地下水除铁时，需要重点关注铁的反应动力学，即水中 $Fe^{2+}$ 的浓度的衰减率，反映了铁的氧化速率。均相反应时，在 pH > 5.5 的情况下，人们总结出了 $Fe^{2+}$ 的氧化速率为：

$$\frac{d[Fe^{2+}]}{dt} = -k[Fe^{2+}][OH^-]^2 P_{O_2}[(mol/(L \cdot min))] \tag{6.4.4}$$

其中，负号表示铁浓度随时间减少，$k$ 为常数，代表反应速率；$P_{O_2}$ 表示气体中氧的分压。中括号 [] 代表浓度。当 $P_{O_2}$ 一定时，则铁离子氧化速率为：

$$\frac{d\ln[Fe^{2+}]}{dt} = -k[OH^-]^2 \tag{6.4.5}$$

上式说明铁离子氧化速率正比于 $[OH^-]^2$，可见除铁过程受 pH 值影响很大。

为除去地下水中铁元素，一般用氧化方法，将水中二价铁氧化为三价铁析出，可用来氧化二价铁的试剂包括氧、氯和高锰酸钾等。实际中为降低成本以及避免有害副产物的产生，常通过将空气注入水中来除铁，反应式如下：

$$4Fe^{2+} + O_2 + 10H_2O \rightleftharpoons 4Fe(OH)_3 + 8H^+ \tag{6.4.6}$$

根据化学计量关系，每氧化 1 mg/L 的 $Fe^{2+}$，理论上需氧 $(2 \times 16)/(4 \times 55.8) = 0.14$ mg/L，同时产生 $(8 \times 1)/(4 \times 55.8) = 0.036$ mg/L 的 $H^+$。但是每产生 1 mol/L 的 $H^+$ 会减小 1 mol/L 的碱度，所以每氧化 1 mg/L 的 $Fe^{2+}$ 相应会导致 1.8 mg/L 的碱度降低。水的碱度的降低会导致氧化速率的降低。图 6.11 所示为 $Fe^{2+}$ 氧化速率与水的酸碱度的关系，由图可知，当水呈碱性时会促进氧化还原过程的发生。

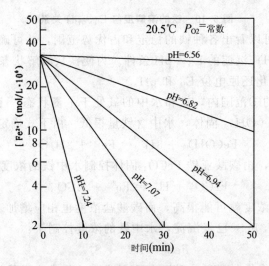

图 6.11 二价铁氧化速率和 pH 关系

## 6.4.2 地下水除锰方法

地下水中常同时含有铁和锰元素，它们有相似的化学性质，但铁的氧化还原电位低于锰，容易被 $O_2$ 氧化，所以锰的含量要高一些，同时也导致了锰的去除要比铁困难一些。

地下水中 $Mn^{2+}$ 被 $O_2$ 氧化时的动力学和铁的氧化不同，$[Mn^{2+}]$ 随时间 $t$ 的变化不再是线性关系，而且在 $pH < 9.5$ 时，$Mn^{2+}$ 的氧化速率很慢。试验结果认为，$Mn^{2+}$ 的氧化和去除是自动催化氧化过程，反应如下：

$$\lg\left[A\left(\frac{[Mn^{2+}]_0}{[Mn^{2+}]} - 1\right)\right] = Kt \qquad (6.4.7)$$

其中 $[Mn^{2+}]_0$ 表示初始锰离子浓度；$K$ 代表自动催化反应速率常数；$A$ 为常数。

锰的氧化速率也和 $[OH^-]^2$ 以及 $P_{O_2}$ 呈线性关系，指是氧化反应发生较快区域在更高 pH 值时。

水中锰离子的去除过程为：水中的氧气缓慢将二价锰离子氧化生成 $MnO_2$ 不溶物，$MnO_2$ 会将水中 $Mn^{2+}$ 离子吸附在其表面形成为 $Mn^{2+}MnO_2$，这样将 $Mn^{2+}$ 离子逐渐去除。

水的除锰过程的工艺流程为：

原水→曝气→催化氧化过滤

上述工艺适用于含铁量小于 2.0 mg/L、含锰量小于 1.5 mg/L 时。

二价锰离子发生氧化的反应式为：

$$2Mn^{2+} + O_2 + 2H_2O \rightleftharpoons 2MnO_2 + 4H^+ \qquad (6.4.8)$$

从化学计量关系，每氧化 1.0 mg/L $Mn^{2+}$ 需氧 $\dfrac{2\times16}{2\times54.9} = 0.29$ mg/L，同时产生 0.036 mg/L 的 $H^+$。实际上所需氧量较理论值高。

过滤可以采用各种形式的滤池。在同一滤层中，铁主要截留在上层滤料内。当地下水中铁锰含量不高时，可上层除铁下层除锰而在同一滤层中去除，不致因锰的泄漏而影响水质。但如含铁、锰量大，则除铁层的范围增大，剩余的滤层不能截留水中的锰，因而部分泄漏，滤后水不符合水质标准。显然，原水含铁量越高，锰的泄漏时间将越早，因此缩短了过滤周期，所以铁对除锰的干扰是除铁除锰时须注意的问题。这时为了防止锰的泄漏，可在流程中建造两个滤池，前面是除铁滤池，后面是除锰滤池。在压力滤池中也有将滤层做成两层，上层用以除铁，下层用以除锰，如图 6.12 所示。

除锰滤池的滤料可用石英砂或锰砂，滤料粒径、滤层厚度和除铁时相同。滤速为 $5 \sim 8$ m/h，石英砂滤料的冲洗强度为 $12 \sim 14$ L/s·m²，膨胀率为 $28\% \sim 35\%$，冲洗时间 $5 \sim 15$ min。

除锰滤池成熟后，滤料上有催化活性的滤膜，外观为黑褐色，据仪器分析，它的成分是高价铁锰混合氧化物，以铁锰为主，可优先吸附 $Mn^{2+}$、$Fe^{2+}$、$Ca^{2+}$ 等并进行催化氧化反应而沉积在滤料上，使活性滤膜不断增长。它是使 $Mn^{2+}$ 较快地形成高锰氧化物的催化剂，并且是在除铁除锰很短的曝气、过滤过程中，能够氧化和去除 $Mn^{2+}$ 的原因。

除锰过程中，除了溶解氧将水中 $Mn^{2+}$ 氧化成 $MnO_2$，再加某些催化剂参与反应外，也不能忽视铁细菌的作用。微生物的生化反应速率远大于溶解氧氧化 $Mn^{2+}$ 的速率，随着滤料的成熟，可观测到滤料上或滤料孔隙之间有铁细菌群体，数量约为（$10 \sim 20$）$\times 10^4$ 个/mL，对于长成活性滤膜有促进作用。

### 6.4.3 地下水除氟方法

饮用水主要采用吸附过滤法来完成除氟过程，主要采用活性氧化铝和骨炭作为滤料的吸附剂。骨炭是由燃烧掉兽骨中的有机质剩余的产品，主要成分是磷酸三钙和炭，因此又称为磷酸三钙吸附过滤法。两种方法都是利用吸附剂的吸附和离子交换作用，是除氟的比较经济有效方法。其他还有混凝、电渗析等除氟方法。

#### 1. 活性氧化铝法

活性氧化铝是白色颗粒状多孔吸附剂，表面积较大。活性氧化铝是两性物质。等电点约在 9.5，当 pH $<$ 9.5 时，可吸附阴离子；当 pH $>$ 9.5 时，可吸附阳离子。在酸性溶液中可作为吸附剂去除水中的氟元素。

活性氧化铝首先用硫酸铝溶液活化转化为硫酸盐型，活化过程为：

$$(Al_2O_3)_n \cdot 2H_2O + SO_4^{2-} \rightarrow (Al_2O_3)_n \cdot H_2SO_4 + 2OH^- \quad (6.4.9)$$

产生的 $(Al_2O_3)_n \cdot H_2SO_4$ 再与水中的氟反应，表达式为：

$$(Al_2O_3)_n \cdot H_2SO_4 + 2F^- \rightarrow (Al_2O_3)_n \cdot 2HF + SO_4^{2-} \quad (6.4.10)$$

该过程添加 $1\% \sim 2\%$ 浓度的硫酸铝溶液后会发生逆反应过程，再生成 $(Al_2O_3)_n \cdot H_2SO_4$，反应表达式为：

$$(Al_2O_3)_n \cdot 2HF + SO_4^{2-} \rightarrow (Al_2O_3)_n \cdot H_2SO_4 + 2F^- \quad (6.4.11)$$

活性氧化铝除氟有下列特性：

（1）pH 值影响。pH 值在 $5 \sim 8$ 范围内时，除氟效果最好，而在 pH $=$ 5.5 时，吸附能力最强，因此采用活性氧化铝去除水中氟含量时，应将原水的酸碱度调节到 5.5 左右。

（2）吸氟容量。吸氟容量是指每 1 g 活性氧化铝所能吸附氟的重量，一般为 $1.2 \sim 4.5$ mgF$^-$ / gAl$_2$O$_3$。受到氟含量、酸碱度、活性氧化铝的颗粒大小等的影响。在原水含氟量为 10mg/L 和 20mg/L 的平行对比试验中，如保持出水 F$^-$ 在 1 mg/L 以下时，所能处理的水量大致相同，说明原水含氟量增加时，吸氟容量可相应增大。进水 pH 值可影响 F$^-$ 泄漏前可以处理的水量，pH ＝5.5 为最佳值。吸氟容量与颗粒的表面积呈线性关系，小颗粒的活性氧化铝对整个滤池的表面积要更大，说明吸氟容量大，但小颗粒容易流失和被再生剂 NaOH 溶解。一般采用 $1 \sim 3$ mm 大小的活性氧化铝，也有一些 $0.5 \sim 1.5$ mm 的产品。

自来水厂中，常通过对原水加酸或加 CO$_2$ 将水的酸碱度控制在 $5.5 \sim 6.5$ 之间，并采用小粒径活性氧化铝来提高除氟效果。

### 2. 骨炭法

骨炭法是另一种应用较多的除氟方法，又称磷酸三钙法。骨炭的主要成分是羟基磷酸钙，有 Ca$_3$（PO$_4$）$_2$·CaCO$_3$ 和 Ca$_{10}$（PO$_4$）$_6$（OH）$_2$ 两种，交换反应如下：

$$Ca_{10}(PO_4)_6(OH)_2 + 2F^- \rightleftharpoons Ca_{10}(PO_4)_6 \cdot F_2 + 2 OH^- \qquad (6.4.12)$$

当水的含氟量高时，反应向右进行，氟吸附于骨炭被去除。

一般可通过将 Ca$_{10}$（PO$_4$）$_6$·F$_2$ 浸泡在 1％的 NaOH 溶液中进行骨炭的再生，然后再用 0.5％的硫酸溶液中和。再生时水中的 OH$^-$ 浓度升高，反应向左进行，使滤层得到再生又成为羟基磷酸钙。

骨炭法除氟具有吸附时间较短（只需 5 分钟）、成本较低等优点，但同时其机械强度差，损耗较快。

### 3. 其他除氟方法

混凝法除氟是利用铝盐的混凝作用，适用于原水含氟量较低并须同时去除浊度时。由于投加的硫酸铝量太大会影响水质，处理后水中含有大量溶解铝引起人们对健康的担心，因此应用越来越少。电凝聚法除氟的原理和铝盐混凝法相同，应用也少。

电渗析除氟法可同时除盐，适宜于苦咸高氟水地区的饮用水除氟，尽管在价格上和技术上仍然存在一些问题，预计其应用有增长的趋势。

## 6.5 水的软化

硬度是水质的一个重要指标。生活用水与生产用水均对水的硬度有一定的要求。特别是锅炉用水，若水的硬度较高，锅炉受热面上就会结垢。

水垢会降低锅炉热效率、增加燃料消耗，甚至因金属壁面局部过热而烧损部件。因此，水的软化和脱盐处理非常重要。

硬度盐类包括 $Ca^{2+}$、$Mg^{2+}$、$Fe^{2+}$、$Mn^{2+}$、$Fe^{3+}$、$Al^{3+}$ 等金属阳离子，很容易产生不溶解的物质。原水中主要含有 $Ca^{2+}$ 和 $Mg^{2+}$，其他离子含量很少，常将水中的 $Ca^{2+}$、$Mg^{2+}$ 总含量称为水的硬度 $H_t$。硬度又可区分为碳酸盐硬度 $H_c$ 和非碳酸盐硬度 $H_n$，前者通过加热可以形成碳酸盐沉淀，又称为暂时硬度，而后者在加热时不产生沉淀，又称为永久硬度。

天然水中的阳离子主要是 $Ca^{2+}$、$Mg^{2+}$、$Na^+$（包括 $K^+$），阴离子主要是 $HCO_3^-$、$SO_4^{2-}$、$Cl^-$，其他离子含量均较低。就整个水体来说是电中性的，亦即水中阳离子的电荷总数等于阴离子的电荷总数。实际上，这些离子在水中很难说结合成哪些化合物，但是一旦把水加热，溶解度变小，便会按一定规律有先有后分别结合成某些化合物从水中沉淀析出。总的说来，钙、镁的重碳酸盐转化成难溶的 $CaCO_3$ 和 $Mg(OH)_2$ 首先沉淀析出，其次是钙、镁的硫酸盐，而钠盐析出最难。在水处理中，往往根据这一现象把有关离子假想地结合一起，写成化合物的形式。

下面介绍几种软化处理方法。

## 6.5.1 基于溶度积原理

所谓溶度积原理，就是在水的药剂软化工艺过程，将一定量的药剂（如石灰、苏打等）投于原水中，使水中钙、镁离子生成不溶解的 $CaCO_3$ 和 $Mg(OH)_2$ 沉淀。工艺所需设备与净化过程基本相同，也要经过混合、絮凝、沉淀、过滤等工序。

### 1. 石灰软化

石灰 $CaO$ 是由石灰石经过烧制而成的，熟称生石灰。石灰与水反应可生成 $Ca(OH)_2$，叫作熟石灰。水中投加熟石灰时可得到石灰乳液。其除 $Ca^{2+}$、$Mg^{2+}$ 反应式如下：

$$CO_2 + Ca(OH)_2 \rightarrow CaCO_3 \downarrow + H_2O \qquad (6.5.1)$$

$$Ca(HCO_3)_2 + Ca(OH)_2 \rightarrow 2\,CaCO_3 \downarrow + 2H_2O \qquad (6.5.2)$$

$$Mg(HCO_3)_2 + Ca(OH)_2 \rightarrow CaCO_3 \downarrow + MgCO_3 + 2H_2O \qquad (6.5.3)$$

$$MgCO_3 + Ca(OH)_2 \rightarrow CaCO_3 \downarrow + Mg(OH)_2 \downarrow \qquad (6.5.4)$$

在水的药剂软化中，石灰因为使用成本较低是应用最广的投加剂，对于原水的碳酸盐硬度较高、非碳酸盐硬度较低且不要求深度软化的场合具有重要应用价值。但是过量的石灰会导致出水水质不稳定，给运行管理带来困难。所以，石灰实际投加量应在生产实践中加以调试。

### 2. 石灰-苏打软化

对原水同时投加石灰和苏打（$Na_2CO_3$），可以起到同时降低碳酸盐硬度和非碳酸盐硬度的效果。软化水的剩余硬度可降低到 $0.15\sim0.2\ mmol/L$。与 $Na_2CO_3$ 有关的化学反应表示如下：

$$CaSO_4 + Na_2CO_3 \rightarrow CaCO_3 \downarrow + Na_2SO_4 \tag{6.5.5}$$

$$CaCl_2 + Na_2CO_3 \rightarrow CaCO_3 \downarrow + 2NaCl \tag{6.5.6}$$

$$MgSO_4 + Na_2CO_3 \rightarrow MgCO_3 + Na_2SO_4 \tag{6.5.7}$$

$$MgCl_2 + Na_2CO_3 \rightarrow MgCO_3 + 2NaCl \tag{6.5.8}$$

$$MgCO_3 + Ca(OH)_2 \rightarrow Mg(OH)_2 \downarrow + CaCO_3 \downarrow \tag{6.5.9}$$

该法使用硬度大于碱度的水。

### 6.5.2 基于离子交换原理

利用某些阳离子无害的可溶解物质作为交换剂来将水中 $Ca^{2+}$、$Mg^{2+}$ 形成沉淀去除，称为水的离子交换软化法，这些无害的阳离子通常为 $Na^+$ 或 $H^+$。

水处理用的离子交换剂有离子交换树脂和磺化煤两类。磺化煤为兼有强酸性和弱酸性两种活性基团的阳离子交换剂，可用于水的软化。

离子交换树脂是由空间网状结构骨架（即母体）与附属在骨架上的许多活性基团所构成的不溶性高分子化合物。活性基团遇水电离，分为不能自由移动的固定部分和可在一定空间内自由移动的活动部分，其活动部分的离子可与周围溶液中的其他离子交换。以强酸性阳离子交换树脂为例，分子式为 $R^-SO_3^-H^+$，其中 R 代表树脂母体即网状结构部分，$SO_3^-$ 为活性基团的固定离子，$H^+$ 为活性基团的可交换离子。离子交换过程包括中和反应、中性盐分解反应或复分解反应等化学反应：

$$R^-SO_3H + NaOH \rightarrow R^-SO_3Na + H_2O\text{（中和反应）}$$

$$R^-SO_3H + NaCl \rightleftharpoons R^-SO_3Na + HCl\text{（中性盐分解反应）}$$

$$2R^-SO_3Na + CaCl_2 \rightleftharpoons (R^-SO_3)_2Ca + 2NaCl\text{（复分解反应）}$$

此外，还有基于电渗析原理，利用离子交换膜的选择透过性，外加电场使离子透过交换膜予以去除，实现原水的除盐软化目的。

# 第 2 篇　排水工程

# 第 7 章　排水工程概述

　　人们在生产和日常生活中会产生大量的污水，如城镇住宅、工业企业和各种公共设施中会不断排出各种各样的污水和废水，这些污水和废水应当采取妥善的措施进行处理，如不加以控制，任意直接排入水体或土壤中，会污染水体和土壤，严重时会造成生态系统的破坏，引起各种环境问题。为保护环境，现代城镇需要建设一整套工程设施来收集、输送、处理和处置污水，实现这种功能的工程设施就称为排水工程。

　　排水工程作为城市基础设施的重要组成部分，为城市的可持续发展提供了坚实的保障。排水工程对保护环境、促进工农业生产和保障人民的健康，具有巨大的现实意义和深远的影响。应当特别重视排水工程的建设，并充分发挥排水工程在我国经济建设中的积极作用，使经济建设、城乡建设与环境建设同步规划、同步实施、同步发展，以达到经济效益、社会效益和环境效益的统一。

## 7.1 城市污水分类

　　人类的生活和生产需要消耗大量的水资源。水在使用过程中受到不同程度的污染，会不同程度的带有病菌、重金属污染物或者有机废物等污染物，这些使用过后的水就称作污水或废水。雨水及冰雪融化水通常也是污水的一部分。

　　污水可以分为多种类型，通常按照来源来进行分类，包括生活污水、工业废水和降水三类。

　　(1) 生活污水。生活污水是指居民日常生活使用过程中废弃的水，包括从厨房、厕所、食堂、浴室、盥洗室和洗衣房等处排出的水。生活污水通常由住宅、公共场所、机关、学校、医院、商店以及工厂中的生活间等处产生。

　　生活污水中的污染物主要是有机物成分，包括食物残渣中的蛋白质、脂肪、碳水化合物，排泄物中的尿素，洗涤用的肥皂和合成洗涤剂等。还存在大量的细菌等病原微生物，常来自于排泄物，包括寄生虫卵和肠系传染病菌等。特别是从医院排出的生活污水中，细菌与病毒等含量更多。生活污水必须经过收集处理后才可进行排放或再利用。

（2）工业废水。工业废水则是指工矿企业生产经营使用过的水。由于各种工厂的生产类别、工艺过程、使用的原材料的不同，导致工业废水的水质变化非常大。

工业废水根据污染的严重程度，又可细分为生产废水和生产污水两类。

生产废水的污染程度较低或者仅是水温稍有升高。如机器冷却水一般只是水温稍有升高，这类型水只需要经简单处理即可回收再利用，或者可以直接排放。

生产污水的污染程度较严重，必须经过一定的处理流程才可以进行排入或回收利用，否则会造成环境污染，破坏当地生态环境，其中的污染物成分复杂，不同行业的污水中成分大多很不相同。例如，电解盐工业废水中含有汞，重金属冶炼工业废水含铅、镉等重金属，石油炼制工业废水中含酚，农药制造工业废水中含各种农药，食品加工等工业废水中含大量有机物，洗涤剂等化工企业废水中含多氯联苯、合成洗涤剂等合成有机化学物质，核电站、放射性医药企业废水中含放射性物质等。为保护环境，必须对这类型污水排放进行严格的监督和管理。废水中的污染物质有些还是宝贵的工业原料，宜采用适当的措施进行回收利用，在减少环境污染的同时为国家节约资源。

工业废水按所含主要污染物的化学性质，可分为下列 3 类：

1）主要含无机物的，包括冶金、建筑材料等工业所排出的废水。

2）主要含有机物的，包括食品工业、炼油和石油化工工业等废水。

3）同时含大量有机物和大量无机物的废水，包括焦化厂、化学工业中的氮肥厂、轻工业中的洗毛厂等废水。

实际上，一种工业往往会排出几种不同性质的废水，而一种废水往往又包含不同的污染物。即便是一套生产装置排出的废水，也可能同时含有几种污染物，使得工业废水的处理过程非常复杂。

（3）降水是指降雨、降雪等自然气候。雨水一般比较清洁，对于排水工程而言，主要是要完成雨水流量的收集和排泄功能，降雨形成的径流量大，若不及时收集处理，则容易积水为害，房屋受损、交通堵塞。尤其山区的山洪水为害更甚。通常暴雨水为害最严重，是排水的主要对象之一。雨水一般不需处理，可就近直接排入水体。

雨水虽然一般比较清洁，但是降雨初期的雨水中会包含某些大气污染物，同时地面径流也会包含某些地表污染物或者农业残余化肥、农药等污染物，这时的雨水污染程度比较严重，应加以控制。有的国家针对污染严重地区的雨水径流的排放作了严格规定，如工业区、高速公路、机场等处的雨水径流，排放前必须进行沉淀、撇油等处理。对于一些大气污染严重的地区，降雨初期雨水是酸性的，严重时 pH 值甚至高达 3.4，对建筑物和农业造成了很大的伤害，形成的径流如果直接排入水体，会破坏水体的生态环境。综上所述，污染严重地区对雨水进行适当处理后再排放是很有必要的。

城市污水，通常是指生活污水和工业废水的总和。在合流制排水系统中，还包括截流的雨水。城市污水实际上是一种混合污水，其水质变化很大，随着生活污水、工业废水以及降水的混合比例的不同而异。在生活污水占多数的情况下，污水中病毒、细菌等微生物以及有机物污染物占大多数，而在工业废水占多数的情况下，污水中各种重金属、高分子化合物等占大多数。当降水占多数的情况下，一般污水水质比较干净。

为保证城市和工矿企业的健康和可持续发展，必须对上述污废水进行及时、有组织地处理和排除，以免造成环境的污染和生态的破坏。排水系统即承担着上述污水的收集、输送、处理和排放的重任。从功能上可以将排水系统分为污水处理系统和管道系统两部分。

污水可根据其处理的程度选择最终处置方式，大部分经处理后的废水会再次返回给大自然；对于未经污染的冷却水仅需要简单的降温，就可使其回到生产过程；对于含有辐射性物质的废水，需要采取隔离措施。环境具有一定的净化污染物的能力，可以将污水进行处理达标后排入自然界进行自然净化，但是这种能力是有一定界限的，超过环境的净化能力将会导致严重的污染问题，这种能力称为环境容量。图 7.1 为污水处理与处置系统的一种模式。若排出的污水中污染物含量不超过河流的环境容量时，可直接排入江河等水体，否则必须经过处理才可排放。处理后的水也可以再利用。

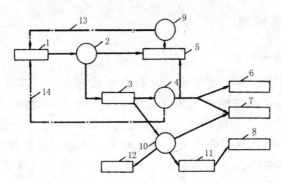

**图 7.1 污水处理和处置系统**

1—污水源；2—污水；3—污水厂；4—处理水；5—河流环境容量；
6—海洋环境容量；7—土壤环境容量；8—大气环境容量；9—水资源；
10—污泥；11—焚烧；12—隔离滤物；13—用水供应；14—再利用

城市污水重复利用的方式有以下几种：

1）自然复用：一条河流往往在作为给水水源的同时，也会接收沿线城市的污水排放。下游城市的给水原水中往往会含有上游城市排放的污水。实际上江河水总是被多次直接重复使用，这就要求排入水体的污水必须达到一定的排放标准。

2）间接复用：城市污水因为重力作用，会渗入地下补充地下水，对于采用地下水作为给水水源的用户，就完成了污水的间接复用。

3）直接复用：对于严重缺水地区，可能必须将城市污水进行处理后直接作为城市饮用水水源、工业用水水源、杂用水水源等重复利用（也称污水回用）。这个过程实现了污水的直接复用。

工业废水的循序使用和循环使用也是直接复用。某工序的废水用于其他工序，某生产过程的废水用于其他生产过程，称作循序使用。某生产工序或过程的废水，经回收处理后仍作原用，称作循环使用。不断提高水的重复利用率是可持续发展的必然趋势。

## 7.2 排水系统的体制及其选择

第一节已经详细地介绍了城市污水的分类以及它们各自不同的水质状况。是将这些污水集中收集通过一套管渠系统来处理，还是利用不同的管渠系统对其进行分开收集、分别处理的方式所形成的排水系统，称为排水系统的体制。通常将第一种方式和第二种方式分别称为合流制和分流制系统。

### 7.2.1 排水体制

#### 1. 合流制排水系统

合流制是指不区分生活污水、工业废水或雨水，将其混合由同一套管渠系统进行收集和输送的排水方式。根据最终排放方式的不同，又分为直流式合流制和截流式合流制两种，直流式合流制系统是老式的排水系统，没有污水处理系统，将混合污水直接就近排入水体，对水体的污染很严重。现在通过在管渠末端新建污水处理厂对污水进行处理后排放，构成了截留式合流制排水系统（图7.2）。

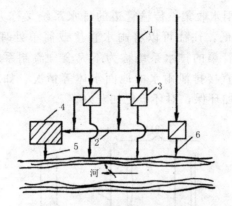

**图 7.2　截流式合流制排水系统**

1—合流干管；2—截流主干管；3—溢流井；4—污水处理厂

截流式合流制排水系统的具体布置为：在临河岸边设置截流干管以对污水进行截流，将污水通过截留干管送入下游设置的污水厂进行处理，有必要时还需在截流干管与合流干管交叉处设置溢流井。

截流式排水系统在晴天或雨量较小的情况下可以将混合污水进行完全处理。但是在降雨量较大时，污水流量可能会因大径流的雨水并入而超过管道负荷，这时混合污水就会经溢流井溢出直接排入水体，造成水体的污染。一般适用于干旱地区或者老城市的旧的合流制排水系统改造等情况，可以节省给水系统的投资。

**2. 分流制排水系统**

分流制排水系统是用两个或两个以上各自独立的管渠来分别收集和输送生活污水、工业废水和雨水的系统，其示意图可见图 7.3。

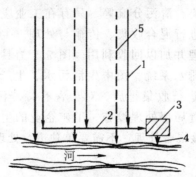

**图 7.3　分流制排水系统**

1—污水干管；2—污水主干管；3—污水处理厂；4—出水口；—5 雨水干管

往往将雨水的收集和排除系统称为雨水排水系统；而将生活污水或工业废水的收集和排除系统统称为污水排水系统。

对于专门设有雨水收集、传输管道的排水系统又称为完全分流制系统，因雨水污染程度较低，往往可以将雨水直接或简单处理后就近排入水体；将没有完整的雨水管渠的排水系统称为不完全分流制系统，一般适用于降水量较少或有可供直接排泄雨水的地面水体等情况。如图 7.4 所示，完全分流制排水系统更加环保，对环境更加友好。

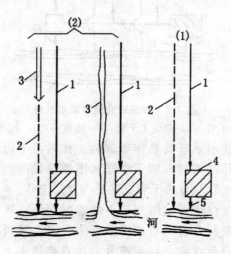

**图 7.4　完全分流制及不完全分流制**

（1）为完全分流制系统；（2）为不完全分流制系统

1—污水管道；2—雨水管渠；3—原有渠道；4—污水厂；5—出水口

工业废水因排放行业的不同往往水质变化很大，若直接混合处理会造成污水和污泥处理的复杂化，不利于废水的重复利用和有用物质的回收再利用等。所以在工矿企业中，往往需要采用多种管道系统来对污水进行分类排除，包括分质分流、清污分流等。只有在工业废水的成分和性质同生活污水类似时，才可进行混合收集、传输与处理。生产废水通常可以利用雨水管渠进行简单处理并加以回收利用。图 7.5 为具有循环给水系统和局部处理设施的分流制排水系统。图中生活污水、生产污水、雨水都设置有独立的管道系统分别进行收集排放。对于含有特殊污染成分的生产污水，一般应在车间附近设置局部处理设施。工矿企业的生活污水和生产废水可以与城市生活污水直接混合处理，不需要单独进行处理，如图中 12 所示。

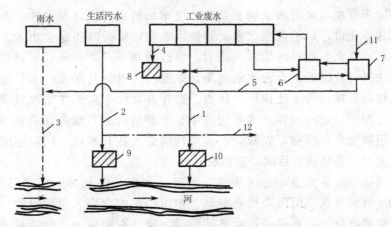

**图 7.5 工业企业分流制排水系统**

1—生产污水管道系统；2—生活污水管道系统；3—雨水管渠系统；

4—特殊污染生产污水管道系统；5—溢流水管道；6—泵站；

7—冷却构筑物；8—局部处理构筑物；9—生活污水厂；

10—生产污水厂；11—补充清洁水；12—排入城市污水管道

现实中，同一座城市，往往是分流制和合流制的排水系统同时存在。城市中各区域的自然条件以及修建情况可能相差较大，根据各区域的地理环境与城市规划可以选择采用不同的排水体制。如美国的纽约以及我国的上海等城市就是采用的混合制排水系统。混合制排水系统还可能在旧城市原有的合流制排水系统改造过程中产生。

排水系统的体制的选择会从根本上影响排水系统的设计、施工、维护管理，它的合理选择会在城市和工矿企业的规划以及环境保护等方面造成深远的影响。通常，排水系统体制的选择应以满足环境保护的需要为原则，结合当地自然环境和城市规划等情况，通过技术经济比较确定。下面从不同角度来进一步分析各种体制的使用情况。

## 7.2.2 排水体制的选择

### 1. 环境保护方面

直流式合流制排水系统对环境污染严重，应尽量避免采用这种排水系统。以下我们不再对其进行讨论。截流式合流制排水系统会将城市混合污水送往污水厂处理后再进行排放，这在环境保护方面具有积极的意义；但起截流作用的主干管往往尺寸很大，同时也增加了污水厂设计容量，相应地增加了总投资费用。而且，发生暴雨等极端天气时，雨水径流量的迅速增加将导致混合污水超过管网负荷，而经溢流井溢出污染水体，更严重的是截流主干管底部常有污染物淤积，土壤增加的流量会将淤泥冲起并溢出排入水体。所以，对于截流式合流制排水系统，雨天时还是会出现水体污染的问题，甚至会超过环境容纳能力。为改善这一严重缺点，常通过设置贮存池来进行溢流的混合污水的收集，等空闲时再将其送至污水厂进行处理。这样可以减轻污水处理厂的压力。贮存池常位于溢流井出水口或者污水处理厂附近。有时也在排水系统的中、下游沿线适当地点建造调节、处理（如沉淀池等）设施，以减少合流管的溢流次数和水量，同时还完成一些去除某些污染物减轻后续处理的压力。

分流制排水系统通常会将生活、生产污水全部送至污水厂进行处理，而将雨水直接排放。但污染严重地区，初雨径流中含有大量污染物，如不加处理直接排放，会造成城市水体的污染，这是它的缺点。特别环境污染问题日益严重的当今时代，由于空气污染、土壤残余农药等问题导致雨水径流对水体造成严重的污染，有必要对雨水径流加以处理。分流制系统形式上比较灵活，比较容易适应社会发展的需要，又能很好地满足城市卫生的要求，所以得到了广泛的应用。

### 2. 造价方面

通常合流制排水和不完全分流制系统的管道比完全分流制管道总长度要小，但是管径一般要大很多，总造价大概会低 20%～40%。但是它们的泵站和污水厂规模要更大一些。在排水系统建设初期，不完全分流制只需建造一套管渠系统，具有初期投资小、工期短、工程效益发挥快的特点，往往更容易受到各城市和地区的青睐。

### 3. 维护管理

晴天时合流制管道中流量较小，流速较低，于是污染物容易在管道底部沉积。暴雨时，因为流量的突然增大，流速较快，会将管中的沉积物冲走，可以降低合流管道的维护管理费用。但是，合流制排水管网中的流量在晴天和雨天时变化很大，这会增加污水厂运行管理的复杂性。而分流制排水管网中流速较为恒定，可以保证不发生管道中污染物的沉积。同时，流入污水厂的水量和水质变化也比合流制系统小得多，减小了污水厂运行管理的复杂性，但是会增加管理的工作量。

排水系统体制的选择是一项很复杂同时又很重要的工作。需要根据城市规划、环境保护的要求、污水污染程度、原有排水设施、污水量、当地地形地貌、气候和水体等条件，在满足环境要求的前提下，从全局出发，综合考虑确定。我国《室外排水设计规范》作出了指导性规定，在新建地区一般应采用分流制排水系统。只有那些规模较小、水体资源丰富的地区，或者在街道较窄地下设施较多，没有条件采用分流制排水系统的地区，或在降水量较少地区，可以考虑采用合流制排水系统。

## 7.3 排水系统分类及其组成部分

### 7.3.1 城市污水排水系统的组成部分

城市排水系统要完成对城市居民生活污水、工业污水以及雨水的收集、传输、处理、排放或回用等任务。因此，排水系统需要包含以下几个部分：①室内污水管道系统及设备；②室外污水管道系统；③污水泵站及压力管道；④污水处理厂；⑤出水口等。下面将分别予以介绍。

#### 1. 室内污水系统

室内污水系统是指实现生活污水的收集及传输的一系列设备和管道的集合。

室内污水管道包括水封管、支管、竖管和出户管等管道，生活污水经这些管道流入室外排水管道系统。室内污水设备有时也是人们的卫生设备，包括浴盆、洗碗池、马桶等设备。

#### 2. 室外污水管道系统

室外污水管道系统是指从室内排出的污水到泵站、污水厂或水体所流经的管道系统，是依靠重力实现传输的管道系统。按规模大小又可分为街区或居住小区管道系统及街道管道系统。

（1）街区或居住小区污水管道系统是指铺设在一个街区或居住小区内的，用来收集这个街区或小区内用户出户管流出的污水的管道系统。

（2）街道污水管道系统是指铺设于城市街道下，用于收集并排出街区或居民小区管道流来的污水。通常可以细分为支管、干管、主干管等。支管与居住小区的污水管网连接。干管用于收集传输支管流中的污水，常称为流域干管。所谓流域是指将整个排水区按分水线分为若干小区域，优点是可以分区设计管网布置和管径选择。主干管则是将干管中污水进行收集，并输送至总泵站、污水处理厂或出水口的管道。

（3）管道系统上的附属构筑物包括检查井、跌水井、倒虹管等。

#### 3. 污水泵站及压力管道

污水管网出水并没有压力的要求，最好是可以利用重力排出，但往往因为要避免管网中污染物的沉积和受地形等条件的限制，需要设置泵站以提升污水的流速。而输送从泵站出来的污水至高地自流管道或至污水厂的承压管段，称为压力管道。

### 4．污水处理厂

污水处理厂由处理和利用污水与污泥的一系列构筑物及附属设施组成。污水厂地点应选择在流经城市河流的下游地区，并与居民点和公共建筑保持一定的卫生防护距离。

### 5．出水口

出水口是指污水排入水体的渠道和出口，是污水排水系统的终点设备。出水口还包括事故排出口，用于临时排出因系统设施发生故障时管网中的污水。例如设置于总泵站前的辅助性出水渠，就是为预防系统故障而设置的临时污水出口。

## 7.3.2 工业废水排水系统的主要组成部分

工业废水的水质比较特殊，需要专门排水系统进行收集、处理、传输等处理。通常需要将不同车间的废水按水质的不同进行分类收集，并需要经不同的废水回收处理流程来进行处理。

根据上述工业废水排水系统需要完成的任务可知，系统应包括下列几个组成部分：

（1）车间内部管道系统和设备。

（2）厂区管道系统。常需要根据废水的水质和污染程度设置若干独立的管道系统。

（3）污水泵站及压力管道，功能与城市污水系统功能类似。

（4）废水处理站。用于回收和处理废水与污泥。若所排放的工业废水符合《污水排入城镇下水道水质标准》（GB/T 31962—2015）的要求，可不经处理直接排入城市排水管道中，和生活污水一起排入城市污水厂集中处理。对于位于城区内的工矿企业，若其工业废水水质没有特别的污染物需要特殊处理的话，应尽量考虑与居民生活污水进行统一排除和处理，以节约总投资和方便管理，能体现规模效益。当然工业废水排入应不影响城市排水管道和污水厂的正常运行，同时以不影响污水处理厂出水以及污泥的排放和利用为原则。当工业企业远离城区，对于符合城市排水管道排入要求的工业废水，是否要采用统一排水系统进行处理，要根据情况对各方案进行比较后确定。

生产废水含有的污染成分较少，可直接利用雨水管道进行排放或进行回收再利用。雨水排水系统的组成部分有：

（1）建筑物的雨水管道系统和设备。用于收集和传输建筑的屋面雨水。

（2）街区或厂区雨水管渠系统。

（3）街道雨水管渠系统。

（4）排洪沟。

（5）出水口，作用与其他排水系统出水口类似。

建筑物屋面的雨水由雨水口和天沟，并经雨落管排至地面；收集地面的雨水经雨水口流入街区或厂区以及街道的雨水管渠系统。雨水排水系统的室外管渠系统基本上和污水排水系统相同，而且也设有检查井等附属构筑物。

合流制排水系统的组成与分流制相似，同样有室内排水设备、室外居住小区以及街道管道系统。雨水经雨水口进入合流管道，在合流管道系统的截流干管处设有溢流井。

当然，上述各排水系统的组成不是固定不变的，须结合当地条件来确定排水系统内所需要的组成部分。

## 7.4 排水系统的布置形式

排水系统的布置形式有多种形式，设计时与给水管网布置形式的选择原则类似，应结合地形、城市规划、气候条件、土壤条件、河流位置以及污水的种类和污染程度而定。实际设计时常常根据当地条件，因地制宜地采用多种布置形式。以下介绍几种主要考虑地形因素的布置形式。

### 7.4.1 正交式

在地势高于水体的地区，污水可以利用重力排向水体，这时各排水流域的干管宜沿与水体垂直相交的方向布置，如图 7.6 所示，称为正交式布置。

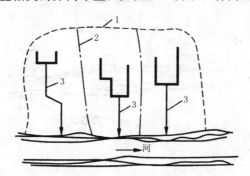

**图 7.6　正交式布置**

正交式布置具有干管长度短、管径小的优点，总投资量较小，可以迅速排出污水。但是，污水不经处理即直接排放，会导致水体污染。故这种布置形式仅限于排除雨水。

### 7.4.2 截流式

在正交式的基础上，沿河岸铺设主干管用以将污水送至污水厂处理后再进行排放，如图 7.7 所示，就称为截流式布置。

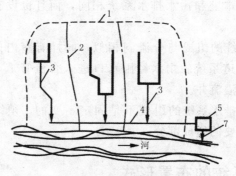

**图 7.7  截流式布置**

### 7.4.3 平行式

在地势远高于河流的地区，为避免污水流速过大对管道的严重磨损，可使干管沿与河流基本平行的等高线成一定角度敷设，最后再统一送往污水处理厂进行处理后排放，如图 7.8 所示，这种布置形式称为平行式布置。

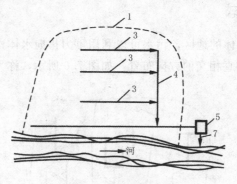

**图 7.8  平行式布置**

### 7.4.4 分区式

在各区域地势高差相差很大的地区，这时污水不能仅依靠重力到达污水厂，可将排水地区分成若干区域，分别进行排水系统设计，如图 7.9 所示。这时，高区的污水直接以重力流形式流入污水厂，而低区的污水可以由水泵抽送至高区干管或直接送往污水厂。这种布置因投资较大，仅在地形起伏很大的地区考虑采用，它的优点是充分利用地形排水，节约能量消耗。

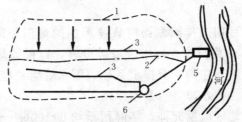

图 7.9　分区排水系统布置形式

## 7.4.5 环绕式及分散式

对于那些城市中心部分地势较高，或在城市四周有多处河流的地区，各排水流域应建立各自独立的排水系统，其干管宜采用辐射状分散布置，如图 7.10 所示，称为分散式布置。

分散式布置具有干管长度短、管径小、管道埋深浅、便于污水灌溉等优点，但相应的污水厂和泵站的数量将增多，增加投资量和管理的复杂性。但考虑到规模效益，不宜建造大量小规模的污水处理厂，应建造少量大规模的污水处理厂，这样就提出了环绕式布置形式，如图 7.11 所示。这种布置形式是通过主干管将各区域干管污水截流统一送往一个较大的污水厂进行处理，然后集中排放。

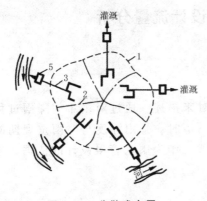 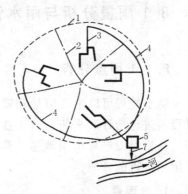

图 7.10　分散式布置　　　　图 7.11　环绕式布置形式

# 第 8 章　雨水管渠系统的布置及设计

雨水管渠系统是用来排除暴雨时快速形成的地面径流，以防止快速地面径流的聚集造成道路被淹、污水漫溢等危害，以保障城市人民的生命安全和生产生活的正常秩序的一套排水系统。雨水管渠系统通常包括雨水口、雨水管渠、检查井、出水口等一系列设施。

我国长江以南地区雨量充沛，年降雨量均在 1000 mm 以上，且绝大部分降水集中在夏季，并常伴有大雨甚至暴雨等极端天气，容易在极短时间内形成大量的地面径流，若不能及时地进行排除，便会造成巨大的危害。

雨水管渠系统中最主要的组成部分就是管渠，占总投资的很大一部分。于是合理经济地设计管渠系统具有重要意义。雨水管渠设计的主要内容包括：

（1）确定当地最大雨水流量，即暴雨强度公式。

（2）根据当地地理环境及城市规划划分排水流域，设计管渠定线，确定调节池、泵站设置位置。

（3）进行管渠流量设计以及水力计算，确定管段的管径、坡度埋深等参数。

（4）绘制管渠平面图及纵剖面图。

## 8.1 雨量分析与雨水管道设计流量分析

### 8.1.1 雨量分析

降水过程可以用降雨量和降雨历时来描述。通过对多年的降雨过程记录资料进行统计和分析，可以找出降雨历时、暴雨强度与降雨重现期的规律，然后可以推算出当地暴雨强度公式，作为雨水管渠设计的依据。这就是雨量分析的目的。

#### 1. 降雨量

降雨量是指降雨的绝对量，一般用降雨深度 $H$ 表示，单位为 mm。在进行雨水管渠设计时，一般考虑单位时间内的降雨量，如年平均降雨量、月平均降雨量、年最大日降雨量等。

　　降雨量通常可以用雨量计来记录，雨量计的构造如图 8.1 所示。雨量计可以记录每场雨的瞬时降雨强度（mm/min）、累积降雨量（mm）和降雨时间（min）等数据，可绘制如图 8.2 所示的降雨量累计曲线。某个时刻的降雨强度为曲线上某一点的斜率。累积降雨量为某段时间内的降雨增量，除以该时间段长度，就得到该段降雨历时的平均降雨强度。

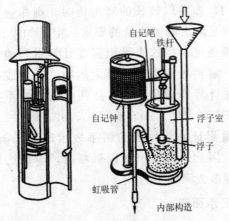

自记笔
铁杆
自记钟
浮子室
浮子
虹吸管
内部构造

**图 8.1　自记式雨量计示意图**

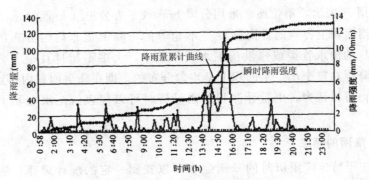

降雨量累计曲线
瞬时降雨强度

**图 8.2　降雨量纪录和降雨量累计曲线**

### 2. 降雨历时和暴雨强度

　　降雨过程持续的某一段时间，就称为降雨历时。一般应取覆盖降雨雨峰的时段作为降雨历时，对该时段进行累计降雨量平均计算就得到该降雨历时的暴雨强度，用 $i$ 表示：

$$i = \frac{H}{t}(\text{mm/min}) \qquad (8.1.1)$$

　　降雨历时区间取得越宽，计算得出的暴雨强度就越小。在工程上，暴雨强度常定义为单位时间内单位面积上的降雨量 $q$，单位常采用 L/(s·ha)。将每分钟内雨水深度的增加量 H 换算成每公顷面积上每秒钟的降雨体积就可以将 $i$ 换算为 $q$ ，即：

$$q = \frac{10000 \times 1000i}{1000 \times 60} = 167i \qquad (8.1.2)$$

暴雨强度是设计雨水管渠系统流量的重要参考。在计算暴雨强度时，选择的降雨历时会对暴雨强度的计算产生重要的影响。因为降雨强度总是随降雨的时间变化的，如果取较长的降雨历时，则相应得到的暴雨强度就比较小，可能不能满足雨水峰值流量的要求；但是如果选择降雨历时太短，又会得到较大的暴雨强度，按这个暴雨强度计算得到的管渠设计必然较复杂，比如管径较大，需要增加溢流井等附属物，会造成一些不必要的资源浪费。所以，一般在计算暴雨强度时，往往会选择一系列的降雨历时进行比较分析，常采用 5、10、15、20、30、45、60、90、120 min 等这 9 个时段。前面已知降雨量累计曲线一点的斜率表示瞬时暴雨强度，曲线越陡，表明暴雨强度越大。因此，在分析暴雨资料时，应该选用对应各降雨历时曲线最陡的那段，即最大降雨量。

### 3. 降雨面积和汇水面积

降雨面积是指降雨所覆盖的面积，汇水面积是指雨水管渠汇集雨水的面积，用 $F$ 表示，单位通常采用公顷 $hm^2$ 或平方公里（$km^2$）。

降雨面积上各点的暴雨强度是不相等的，降雨是非均匀分布的。但城镇或工厂的雨水管渠或排洪沟汇水面积较小，大多不超过百平方公里，可以认为降雨在整个小汇水面积上是均匀分布的，即在降雨面积内各点的 $i$ 相等。从而可以认为，雨量计测得的雨量资料可以代表该汇水面积上的雨量资料。

### 4. 降雨的频率

对应于特定降雨历时的暴雨强度可以找到一定的统计规律，通常将长期记录的雨量资料中大于等于某个特定强度出现的经验频率，认为是暴雨强度频率，可表示为：

$$P_n = \frac{m}{n} \times 100\% \qquad (8.1.3)$$

式中，$m$ 表示大于等于某特定暴雨强度值出现的次数；$n$ 表示观测资料总项数。

统计数据越全面、数据量越多，算出的数据越准确，理想的计算条件希望可以得到降雨的整个历史过程的数据。但实际上只能取得一定年限内有限的暴雨强度值。因此，通常得到的暴雨强度频率只是反映一定时期内暴雨强度的频率，不是降雨历时的真实规律，故称为经验频率。但是不同历史时期，降雨量的参考价值也不是很大，我们只需要可以反映设计年限内降雨规律的数据即可以满足要求。因此，水文计算常采用公式 $P_n = \dfrac{m}{N+1} \times 100\%$ 计算年频率，用公式 $P_n = \dfrac{m}{NM+1} \times 100\%$ 计算次频率，其中 $N$ 表示选用降雨资料的年数，$M$ 表示每年选入的雨样数。观测资料在一段时期内选用的年数越多，经验频率的计算就越准确。

《室外排水设计规范》中规定，暴雨强度公式的编制，参考的降雨记录资料不能少于 10 年。在雨量记录资料中，按每年 6～8 场的暴雨样数，降雨历时按 5、10、15、20、30、45、60、90、120 min 进行暴雨强度 $i$ 值的计算。将历年各历时的暴雨强度按大小次序排列，并由大到小选择样例数为年数的 3～4 倍暴雨强度数据作为统计的基础资料。

**5. 暴雨强度重现期**

某个暴雨强度经过多长时间有可能会再次出现，这个时间段就是暴雨强度的重现期。"重现期"的概念更加直观，工程上用来等效地替代频率概念。

按照定义，可以知道重现期的表达式如下：

$$P = \frac{1}{P_n} \tag{8.1.4}$$

需要指出，重现期只是一个统计平均值，并不意味着重现期为 $P$ 的某一暴雨强度，就一定会每隔 $P$ 年出现一次。排水系统设计中采用较高的设计重现期，意味着暴雨强度选择的比较大，相应的设计排水流量就大，那么管网系统规模就大，排水比较顺畅，但建设投资量就不可避免地要高；反之，则投资量减小，但安全性会变差。如图 8.3 中降雨强度、降雨历时和重现期的关系曲线所示。

影响重现期确定的因素包括排水区域的重要性、淹没后果严重性、地形特点和汇水面积的大小等。在一般情况下，低洼地段采用的设计重现期大于高地；干管采用的设计重现期大于支管；工业区采用的设计重现期大于居住区；市区采用的设计重现期大于郊区。

经过长期的工程积累，一般设计重现期的最小值应不小于 0.33 年；重要干道、重要立交路口或短期积水即能引起较严重损失的地区，其设计重现期甚至可达到 10～20 年。

对于同一排水系统，根据排水区域重要性的不同，可采用不同的重现期。一般重现期在 0.5～3 年，重要干道、重要地区或短期积水即能引起较严重后果的地区，一般选用 2～5 年。特别重要的地区或次要地区可根据实际情况予以调整。

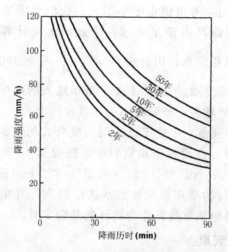

图 8.3　降雨强度、降雨历时和重现期的关系曲线

## 8.1.2 暴雨强度公式

暴雨强度公式是根据对当地降雨记录资料进行分析整理的基础上，按一定的方法得到的反应当地最大雨水径流量的公式，是设计雨水管渠的依据。暴雨强度 $i$ 的计算常与降雨历时 $t$ 和重现期 $P$ 的选择相关。工程中常采用以下形式的暴雨强度公式：

$$i = \frac{167A_1(1 + c\lg P)}{(t + b)^n} \qquad (8.1.5)$$

式中，$A_1$、$c$、$b$、$n$ 为待确定的统计量。

在具有 10 年以上自动雨量记录的地区，暴雨强度公式中的待定参数可根据统计方法按一定步骤计算确定。而在降雨资料不足 10 年的地区，可参照附近气象条件相似地区的资料计算。

（1）降雨历时按 5、10、15、20、30、45、60、90、120 min 共 9 个历时进行计算。降雨重现期可选择 0.25、0.33、0.5、1、2、3、5、10 年进行统计。当有需要或资料条件较好时（资料年数≥20 年、子样点的排列比较规律），也可对大于 10 年重现期进行统计。

（2）宜对每年的数据按每个降雨历时采用多个样例，一般选择 6～8 个样例，然后将所有历时的子样数据按由大到小依次排列，再从中选择 3～4 倍于资料年数的样例，作为统计计算的依据。

（3）所选取的各降雨历时的数据一般应按频率曲线加以调整。根据频率曲线，确定重现期、降雨强度和降雨历时三者之间的关系，即 $P$、$i$、$t$ 关系值，如图 8.3 所示。

（4）根据 $P$、$i$、$t$ 关系值求解 $A_1$、$c$、$b$、$n$。

（5）计算抽样误差和暴雨公式均方差。当计算重现期取 $0.25 \sim 10$ 年时，一般应保证平均绝对均方差不超过 $0.05\ \mathrm{mm/min}$。在较大降雨强度的地方，平均相对均方差不超过 $5\%$。

## 8.2 雨水管道系统的设计

### 8.2.1 雨水管渠系统的流量设计

雨水流量是雨水管渠管径设计的重要依据。城镇和工厂中排除雨水的管渠，汇水面积较小，所以雨水管渠的设计流量可采用其他排水构筑物计算流量的公式来计算

雨水设计流量推理公式可表示为

$$Q = \Psi q F \tag{8.2.1}$$

式中，$Q$ 表示管渠设计流量；$\Psi$ 表示径流系数，是一个小于 1 的数；$F$ 表示管渠汇水面积；$q$ 代表设计暴雨强度。

式（8.2.1）是半经验半理论的公式，与雨水径流成因紧密相关。式（8.2.1）的推导有几个假定条件：①整个汇水面积上的降雨分布是均匀的；②降雨强度在选定的时段内是均匀的；③汇水面积为常数。

由上式可知，管渠设计流量 $Q$ 与径流系数 $\Psi$、汇水面积 $F$ 和设计暴雨强度 $q$ 的乘积成正比。要分析雨水管渠流量需要了解雨水产流和汇流的过程。降雨初期，在到达地面前，植物会截留部分雨水，之后到达地面时，由于土壤干燥，降雨强度较小等原因，雨水会全部渗入地面。随着降雨的持续，降雨强度逐渐增大，而土壤吸水接近饱和，这时地面积水慢慢出现，形成了地面径流（称为产流）。在降雨强度最大时的雨水径流量最大。此后随着降雨强度的逐渐减小，径流逐渐减小。以上过程可用图 8.4 描述。

流域中各地面点上产生的径流沿着坡面汇流至低处，通过沟、溪汇入江河。在城市中，雨水径流由雨水口进行收集，之后经雨水管渠排入江河。通常将雨水径流从流域最远的点到出口的时间称为流域的集流时间或集水时间。如图 8.5 所示，图中 $de$、$fg$、$hi$、$bc$ 为等流时线，$a$ 点为集流点（如雨水口、管渠上某一断面），等流时线上的各点流到 $a$ 点的集流时间分别为 $\tau_1$、$\tau_2$、$\tau_3$、$\tau_0$，其中 $\tau_0$ 为这块汇水面积的集流时间或集水时间，即流域边缘线 $bc$ 上各点的雨水径流达 $a$ 点的时间。为了简化叙述，假定径流系数 $\Psi$ 为 1。在降雨产生地面径流的初期，$a$ 点汇集的流量仅由其附近小面积上的少量雨水贡献，此时较远面积上的雨水径流尚未到达 $a$ 点。随着降雨过程的

持续，更远面积上的雨水径流将不断向 $a$ 点汇集，当流域最边缘线上的雨水流达集流点 $a$ 时，$a$ 点汇集的雨水流量最大。而设计降雨强度 $q$ 一般和降雨历时 $t$ 成反比，随降雨历时的增长而减小。此外，经验表明，相比于降雨强度，汇水面积随降雨历时的增长而减小的速度更快。所以在设计雨水管渠流量时，实际暴雨强度 $q$、降雨历时 $t$、汇水面积 $F$ 都是相应的极限值。如果选择的降雨历时 $t$ 小于流域的集流时间 $\tau_0$ 时，实际上只有一部分汇水面积上的降雨量对流量有贡献，这时算出的雨水径流量是小于最大径流量的。如果降雨历时 $t$ 大于集流时间 $\tau_0$，这时算得的降雨强度又较小，相应的径流量也会小于最大径流量。由以上分析可知，径流量的极值产生在降雨历时 $t$ 等于集流时间 $\tau_0$ 时，此时全面积参与径流，集流点的径流量最大。这便是雨水管渠设计的极限强度原理。

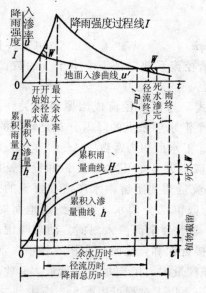
图 8.4　地面点上产流过程

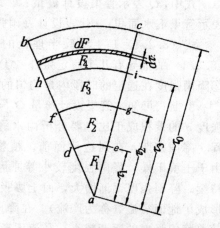
图 8.5　流域汇流过程示意

要确定雨水管渠的设计流量，就需要先确定汇水面积 $F$、流域的集流时间 $\tau_0$ 内的暴雨强度 $q$ 以及地面平均径流系数 $\Psi$。

## 1. 径流系数的确定

径流量是指除去植物和土壤渗漏部分的降雨量，是被雨水管渠收集的部分，径流系数 $\Psi$ 指径流量与降雨量的比值，其值小于 1。

径流系数的影响因素很多，主要是降雨条件（如降雨强度、降雨历时、雨峰位置、前期雨量、降雨强度递减情况等）和地面条件（如地面覆盖情况、地面坡度、汇水面积及其长宽比、地下水位、管渠疏密程度等），所以径流系数的确定是很困难的。目前，径流系数 $\Psi$ 的确定通常是根据经验给出，受到地面覆盖种类的影响。我国《室外排水设计规范》给出了径流系数 $\Psi$ 的指导性规定，见表 8.1。

表 8.1　不同覆盖种类径流系数

| 覆盖种类 | 径流系数 |
|---|---|
| 公园和绿地 | $0.10\sim0.20$ |
| 大块石铺砌路面和沥青表面处理的碎石路面 | $0.55\sim0.65$ |
| 非铺砌土路面 | $0.25\sim0.35$ |
| 干砌砖石和碎石路面 | $0.35\sim0.40$ |
| 级配碎石路面 | $0.40\sim0.50$ |
| 各种屋面、混凝土和沥青路面 | $0.85\sim0.95$ |

对于那些由不同种类的覆盖层覆盖的地面，其平均径流系数 $\Psi_{av}$ 的计算，可以根据各类覆盖层占地面总面积的比例，通过加权平均计算得出，即：

$$\Psi_{av} = \frac{\sum F_i \Psi_i}{F} \tag{8.2.2}$$

在实际的设计中，往往难以获得城市不透水区域覆盖面积的数据，综合径流系数的值可参考表 8.2。若综合径流系数高于 0.7 的地区，应根据雨水综合管理的影响开发理念进行源头削减，采用渗透、调蓄措施。

表 8.2　综合径流系数

| 区域情况 | 综合径流系数值 |
|---|---|
| 城镇建筑密集区 | $0.60\sim0.70$ |
| 城镇建筑较密集区 | $0.45\sim0.60$ |
| 城镇建筑稀疏区 | $0.20\sim0.45$ |

### 1. 设计降雨历时的确定

根据极限强度原理，雨水管渠的设计降雨历时等于汇流时间时，计算得出的雨水流量最大。于是降雨历时包括地面集水时间和管渠内流动时间两部分，公式为

$$t = t_1 + mt_2 \tag{8.2.3}$$

式中，$t$ 表示设计降雨历时；$t_1$ 表示地面集水时间；$t_2$ 表示管渠内流动时间；$m$ 表示折减系数。

引入折减系数 $m$ 的原因是：雨水管渠内的流量并不是一直按照设计流量运行的，而是随着降雨过程的持续逐渐达到最大流量，其流速也是逐渐

增大到设计流速的。因此，雨水管渠的设计流速往往大于实际雨水的流速，这将会导致计算的暴雨强度过大，管道断面偏大，造成投资的增加。

### 3.雨水管段设计流量的确定

在进行雨水管段流量的设计中，随着雨水管雨水口选择位置的不同，每个管段相应的汇水面积就不一样，从排水流域最远端到各雨水口的集流时间 $t$ 也是不一样的，因此，在计算管段设计流量时，应根据不同的降雨历时 $t$，分别对各管段的平均设计暴雨强度进行计算。

如图 8.6 所示，[1]、[2]、[3] 为 3 块相邻的排水区域，设汇水面积分别为 $F_1$、$F_2$、$F_3$，雨水从各块面积上最远点分别到达各排水区域雨水口 1、2、3 所需的集水时间分别为 $\tau_1$、$\tau_2$、$\tau_3$。

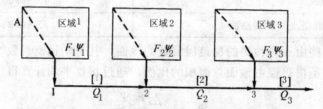

**图 8.6　雨水管段流量和流经时间计算**

（1）a—b 管段的设计流量。a—b 管段承担汇水面积 $F_1$ 上的雨水排放任务，在降雨的初始阶段，全面积上雨水径流逐渐向 a 断面汇集，此时 a—b 管段内的流量逐渐加大。直到 $t = \tau_1$ 时，汇水面积 $F_1$ 上距断面最远的点 A 处的雨水到达雨水口，这时管段流量由全面积 $F_1$ 上的降雨形成，达到最大值。因此，a—b 管段的设计流量应为

$$Q_{a-b} = \Psi_1 q_1 F_1 \qquad (8.2.4)$$

式中，$q_1$ 表示管段 a—b 的设计暴雨强度，由公式（8.1.5）表示，对应于 $t = \tau_1$ 的暴雨强度。

（2）b—c 管段的设计流量。同理，b—c 管段收集的是汇水面积 $F_1$、$F_2$ 上的雨水，该汇水面积产生全面积汇流的时间是最远点 A 的雨水流到 b 断面的时刻，即 $t = \tau_1 + mt_{a-b}$ 时，此时，b—c 管段内流量达最大值，b—c 管段的设计流量为

$$Q_{b-c} = (\Psi_1 F_1 + \Psi_2 F_2) q_2 \qquad (8.2.5)$$

式中，$q_2$ 对应于降雨历时 $t = \tau_1 + mt_{a-b}$ 的暴雨强度。

（3）c—d 管段的设计流量。同理可得，c—d 管段的设计流量为

$$Q_{c-d} = (\Psi_1 F_1 + \Psi_2 F_2 + \Psi_3 F_3) q_3 \qquad (8.2.6)$$

式中，$q_3$ 对应于降雨历时 $t = \tau_1 + m(t_{a-b} + t_{b-c})$ 的暴雨强度。

综上所述，各设计管段的雨水设计流量等于该管段承担的全部汇水面

积和设计暴雨强度及相应径流系数的乘积。设计暴雨强度是相应降雨历时等于集水时间的暴雨强度，即

$$Q_i = \sum \Psi_i q_i F_i \qquad (8.2.7)$$

应用上述推理公式（2.2.7）计算雨水管段设计流量时，有可能会出现管网中的下游管段计算流量小于其上游管段的计算流量的结果。当出现这种情况时，下游管段设计流量应与上游管段设计流量相等。

## 8.2.2 雨水管渠系统平面布置原则

（1）充分利用地形，就近排入水体。为减小管网投资总额和节约排水能量消耗，雨水管渠应尽量利用重力实现排水，要沿自然地形坡度以最短的距离布置，将雨水排入附近的池塘、河流、湖泊等水体中，如图 8.7 示。

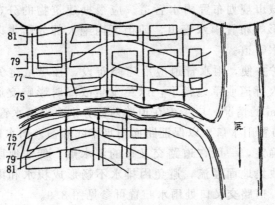

**图 8.7　分散出水口式雨水管布置**

一般情况下，当地形坡度变化较大时，雨水干管宜布置在地形较低处或溪谷线上；当地形平坦时，雨水干管宜布置在排水流域的中间，以便于支管接入，尽可能扩大重力流排除雨水的范围。

雨水管渠出水口的构造比较简单，造价较低，雨水排入水体时，可以采用分散出水口式的管道布置形式，尽量就近排放，以减少管线长度，同时还可减小管径尺寸，这在技术上、经济上都是合理的。

当河流的水位变化很大，雨水管渠出口又离河流水位较远时，就需要采用比较复杂的出水口设计，相应的就增加了制造成本，这时就不宜采用分散出水口形式的管道布置，应采用如图 8.8 所示的集中出水口式的管道布置形式。当排水区地形平坦，且地面平均标高低于河流常年的洪水位标高时，还需要通过泵站对雨水提升才能排入水体，这时就应该将管道出口适当集中，以减少泵站数量。还可以在泵站前的适当地点设置调节池，以

控制雨水流量，从而减小泵站的规模而节省泵站的工程造价和运行费用。

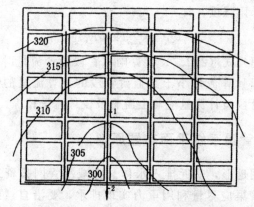

图 8.8 集中出水口式雨水管布置

（2）根据城市规划布置雨水管道。应根据建筑物的分布，道路布置及街区内部的地形等布置雨水管道，使街区内绝大部分雨水以最短距离排入街道低侧的雨水管道。

为以后维护方便，雨水管道应沿道路布设，且尽量避免布置在快车道下，宜布置在人行道或草地带下，以免发生故障时影响交通运行。对于道路宽度超过 40m 的情况，应考虑在道路两侧分别布设雨水管道。

（3）合理布置雨水口，以保证路面雨水排除顺畅。雨水口布置应根据地形及汇水面积确定，一般在道路交叉口的汇水点，低洼地段均应设置雨水口，以便及时收集地面径流，避免因排水不畅形成积水和雨水漫过路口而影响行人安全。道路交叉口处雨水布置可参见图 8.9。

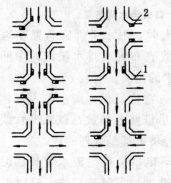 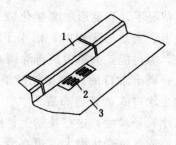

（1）道路交叉口雨水口布置 　　　（2）雨水口布置

图 8.9 雨水口布置

1—路边石；2—雨水口；3—道路路面

（4）合理选择雨水管道布置形式，结合具体条件确定采用明渠或暗管。对于城市市区或工厂等交通量大、建筑密度高的地区，雨水管道应采用暗管。在地形平坦地区，如地下设施比较多，限制了埋设深度或出水口深度的地区，可采用盖板渠排除雨水。从一些盖板渠排除雨水工程的经验来看，此种方法经济有效。

在城市郊区，往往交通量小，建筑密度较低，这时可以考虑采用明渠，以节省项目总投资。但明渠也存在很多缺点，比如容易淤积，滋生蚊蝇，影响环境卫生等。

此外，在每条雨水干管的起端，应尽可能采用道路边沟排除路面雨水。这样可以减少暗管长度。这对降低整个管渠工程造价是很有意义的。

雨水暗管和明渠衔接处需采取一定的工程措施，以保证连接处良好的水力条件。通常的做法是：

当管道接入明渠时，管道应设置挡土的端墙，连接处的土明渠应加铺砌；铺砌高度不低于设计超高，铺砌长度自管道末端算起 3～10 m。宜适当跌水，当跌差 0.3～2 m 时，需作 45°斜坡，斜坡应加铺砌，其构造尺寸如图 8.10 所示。当跌差大于 2 m 时，应按水工构筑物设计。

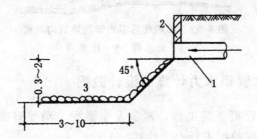

**图 8.10　暗管接入明渠**

1—暗管；2—挡土墙；3—明渠

明渠接入暗管时，除应采取上述措施外，尚应设置格栅，栅条间距采用 100～150 mm。也宜适当跌水，在跌水前 3～5 m 处即需进行铺砌，其构造尺寸见图 8.11。

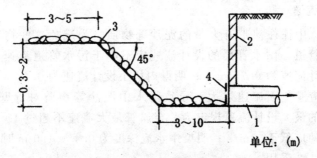

单位：(m)

**图 8.11　明渠接入暗管**

1—暗管；2—挡土墙；3—明渠；4—格栅

— 135 —

（5）设置排洪沟排除设计地区以外的雨洪径流。

对于傍山建设的工厂或居住区，雨季时从山上下来的大量洪流会直接威胁工厂和居住区的安全。因此除在厂区和居住区铺设雨水管道外，还应沿山体设置排洪沟，以拦截从分水岭以内排泄下来的雨洪，保证工厂和居住区的安全，如图 8.12 所示。

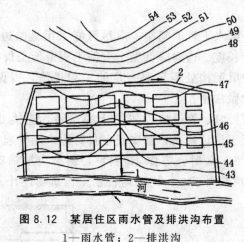

**图 8.12　某居住区雨水管及排洪沟布置**
1—雨水管；2—排洪沟

### 8.2.3 雨水管渠水力计算的设计数据

为保证雨水管渠正常工作，避免发生淤积、刮擦管壁等现象，应对雨水管渠运行的一些数据进行水力计算。

**1. 设计充满度**

雨水通常流量变化很大，最大管道流量持续时间不会很长，但是流量增长迅速，故管道设计充满度一般按满流考虑，即 $h/D = 1$。实际管渠应另加不小于 0.20 m 的超高。街道边沟应有不小于 0.03 m 的超高。

**2. 设计流速**

雨水径流中往往挟带有大量的泥沙等物质，为避免这些物质在管渠内沉积而堵塞管道，雨水管渠的设计流速应不小于污水管道流速，通常满流时的最小设计流速为 0.75 m/s；明渠内最小设计流速为 0.40 m/s。

同时还应避免因流速过大，导致雨水中泥沙等物质对管壁造成损坏，对雨水管渠的最大设计流速规定为：金属管最大流速不超过 10 m/s；非金属管最大流速应低于 5 m/s；明渠中水流深度为 0.4～1.0 m 时，最大设计流速宜按表 2.3 采用。

**表2.3 明渠最大设计流速**

| 明渠类别 | 最大设计流速（m/s） | 明渠类别 | 最大设计流速（m/s） |
|---|---|---|---|
| 粗砂或低塑性粉质黏土 | 0.80 | 草皮护面 | 1.60 |
| 粉质黏土 | 1.00 | 干砌块石 | 2.00 |
| 黏土 | 1.20 | 浆砌块石或浆砌砖 | 3.00 |
| 石灰岩及中砂岩 | 4.00 | 混凝土 | 4.00 |

当水流深度 $h$ 在 $0.4 \sim 1.0$ m 范围以外时，表列流速应乘以下列系数：$h < 0.4$ m，系数 0.85；$h > 1$ m，系数 1.25；$h \geqslant 2$ m，系数 1.40。

### 3.最小管径和最小设计坡度

工程设计中，规定了雨水管道的最小管径不低于 300 mm，相应的最小坡度为 0.003，雨水口连接管最小管径为 200 mm，最小坡度为 0.01。

## 8.2.4 雨水管渠系统的设计步骤和水力计算

首先要对设计地区的原始资料进行收集和整理，包括地形图，城市或工业区的总体规划，水文、地质、暴雨等资料作为基本的设计数据。然后根据具体情况进行设计。现以图 8.13 为例，介绍一般雨水管道设计步骤。

**图8.13 某地雨水管道平面布置**

1—流域分界线；2—雨水干管；3—雨水支管

### 1. 划分排水流域和管道定线。

首先将排水区域按实际地形划分排水流域。图 8.13 中所示为一沿江发展的城市，图中河流穿过城市而将城市分为南北两区。南区存在一条明显的分水线，其余地方高差较小，沿河两岸地势最低，故排水流域的划分基本按雨水干管服务的排水面积大小确定。根据该地暴雨量较大的特点，每条干管承担面积不宜太大，故划为 12 个流域。

由于地形相对于水体有一定的坡度倾斜，宜采用分散出口的雨水管道布置形式。雨水干管布置于排水流域地势较低一侧，与等高线垂直，以便雨水可以利用重力就近排入水体。为了充分利用街道边沟的排水能力，在干管的起端 100 m 左右根据具体情况不必设置雨水暗管。雨水支管一般设在街道较低侧的道路下。

### 2. 划分设计管段。

根据管道的具体位置，在管道转弯处、管径或坡度改变处，有支管接入处或两条以上管道交汇处以及超过一定距离的直线管段上都应设置检查井。把两个检查井之间流量没有变化且预计管径和坡度也没有变化的管段定为设计管段，并从管段上游往下游按顺序进行检查井的编号。详见图 8.14。

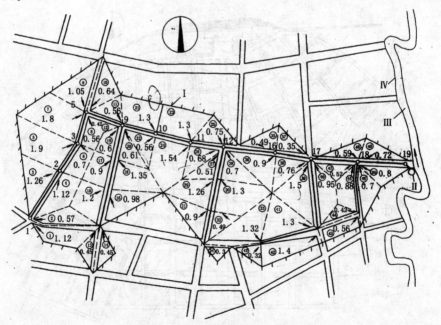

**图 8.14　设有雨水泵站的雨水管布置**
Ⅰ—排水分界线；Ⅱ—雨水泵站；Ⅲ—河流；Ⅳ—河堤

图中圆圈内数字为汇水面积编号；其旁数字为面积数值

**3．合理划分管段的汇水面积。**

各设计管段汇水面积的划分应结合地形坡度、汇水面积的大小以及雨水管道布置等情况而划定。地形较平坦时，按排入雨水管道距离最短的原则划分汇水面积；地形坡度较大时，应按地面雨水径流的水流方向划分汇水面积。并将每块面积进行编号，计算其面积的数值注明在图中。详见图8.14。汇水面积除街区外，还包括街道、绿地。

**4．确定各排水流域的平均径流系数值。**

需要根据排水流域的不同覆盖层地面面积占比，加权平均算出该排水流域的平均径流系数。也可根据规划的地区类别，采用区域综合径流系数。

**5．确定设计重现期 $P$、地面集水时间 $t$。**

前面已详细介绍过雨水管渠重现期设计的有关原则和规定。设计时应结合该地区的地形特点、汇水面积内的建筑物和气象特点等确定。

**6．求单位面积径流量 $q_0$。**

$q_0$ 是暴雨强度 $q$ 与径流系数 $\Psi$ 的乘积，称单位面积径流量。即

$$q_0 = q \cdot \Psi = \frac{167A_1(1+c\lg P) \cdot \Psi}{(t+b)^n} = \frac{167A_1(1+c\lg P) \cdot \Psi}{(t+mt_2+b)^n}(L/s \cdot ha)$$

$$(2.2.8)$$

显然，对于具体的雨水管道工程来说，式中的 $P$、$t_1$、$\Psi$、$m$、$A_1$、b、c 均为已知数，因此 $q_0$ 只是 $t_2$ 的函数。

**7．计算。**

根据上述确定的雨水流量，进行雨水干管流量设计并作相应的水力计算，从而确定各管段的管径、坡度、流速、管底标高和管道埋深值等。

**8．绘图。**

得到各种设计参数以后，绘制雨水管道平面图及纵剖面图。

# 8.3 排洪沟的设计与计算

对于建设于山坡或山脚下的工厂和城镇，还应考虑暴雨时产生山洪的可能性。山洪的危害很大，需要采取一定的措施减少洪水造成的危害，从而保护城市、工厂的财产与人身安全。通常防洪设施的建设需要根据城市或工厂的总体规划和流域防洪规划来进行选择。

由于山区地形坡度大，通常径流形成时间短，往往水流急，流势猛，

且水流中往往含有大量砂石等杂质，冲击力大，如果不采取适当的措施，容易使山坡下的工厂和城镇遭受严重损失。因此，须在受山洪威胁的工厂和城镇外围设置防洪设施以拦截山洪，并通过排洪沟道将洪水引出保护区排入附近水体。排洪沟设计的内容包括开沟引洪，整治河道，修建防洪排洪构筑物等，以便及时地拦截并排除山洪径流，保护山区的工厂和城镇的安全。

### 8.3.1 防洪设计标准

防洪工程设计的规模需要根据山洪洪峰流量进行确定。为了准确、合理地确定工程规模，需要遵循一定的防洪设计标准。该设计标准由工程的性质、范围以及重要性等因素决定。实际工程设计中，常用暴雨重现期衡量设计标准的高低，即重现期越大，则设计标准就越高，工程规模也就越大；反之，设计标准低，工程规模小。我国现有的城市防洪标准及山洪防治标准分别见表 8.4 和表 8.5。此外，我国的水利电力、铁路、公路等部门，根据所承担的工程性质、范围和重要性，也制定了部门防洪标准。

**表 8.4　城市防洪标准**

| 工程等级 | 防护对象 | | | 防洪标准 | |
|---|---|---|---|---|---|
| | 城市等级 | 人口（万） | 重要性 | 频率（%） | 重现期（a） |
| 一 | 大城市 | ＞50 | 重要政治、经济、国防中心，交通枢纽，特别重要工业企业 | ＜1 | ＞100 |
| 二 | 中等城市 | 20～50 | 比较重要政治、经济，大型工业企业，重要中型工业企业 | 2～1 | 50～100 |
| 三 | 小城市 | ＜20 | 一般性小城市，中小型工业 | 5～2 | 20～50 |

**表 8.5　山洪防治标准**

| 工程等级 | 防护对象 | 防洪标准 | |
|---|---|---|---|
| | | 频率（%） | 重现期（a） |
| 一 | 大型工业企业、重要中型工业企业 | ＜1 | ＞100 |
| 二 | 中小型工业企业 | 2～1 | 50～100 |
| 三 | 工业企业生活区 | 5～2 | 20～50 |

### 8.3.2 洪水设计流量计算

排洪沟属于小汇水面积上的排水构筑物。一般情况下，小汇水面积没有实测资料，往往采用实测暴雨资料记录，间接推求设计洪水量和洪水频率。同时，考虑山区河流流域面积一般只有几平方千米至几十平方千米，平时水量小，河道干枯；汛期水量急增，集流快，几十分钟内即可形成洪水。因此，在排洪沟设计计算中，以推求洪峰流量为主，对洪水总量及其径流过程则忽略。我国各地区计算小汇水面积的暴雨洪峰流量主要有以下 3 种方法。

**1. 洪水调查法**

洪水调查法包括形态调查法和直接类比法两种。

形态调查法是通过深入现场，直接勘察洪水位的痕迹，就可以了解洪水位发生的频率，选择和测量河道过水断面，由公式 $v = \frac{1}{n} R^{\frac{2}{3}} J^{\frac{1}{2}}$ 算得流速，其中，$n$ 为河槽的粗糙系数；$R$ 为河槽的过水断面水力半径；$J$ 为水面比降，可用平均比降代替。之后由公式 $Q = Av$ 给出洪峰流量。最后通过流量变差系数和模比系数法，将选定的以某一频率重现的山洪的流量换算成相应的洪峰流量。

**2. 推理公式法**

中国水利科学研究院等提出如下推理公式：

$$Q = 0.278 \times \frac{\Psi S}{\tau^n} F \tag{8.3.1}$$

式中，$Q$ 为设计洪峰流量；$\Psi$ 表示洪峰径流系数；$S$ 表示暴雨强度；$\tau$ 表示流域的集流时间；$n$ 代表暴雨强度衰减指数；$F$ 表示流域面积。

该公式的计算需要调研大量的资料为基础，计算过程也较繁琐。对于 $40 \sim 50 \ km^2$ 范围内的流域面积，该公式的适用性最好。

**3. 经验公式法**

常用的经验公式有多种形式，在我国应用比较普遍的以流域面积 $F$ 为参数的一般地区性经验公式如下：

$$Q = KF^n \tag{8.3.2}$$

式中，$K$ 表示随地区及洪水频率变化的系数。

该法使用方便，计算简单，但地区性很强。相邻地区采用时，必须注意各地区的具体条件，不宜任意套用。地区经验公式可参阅各地区当地的水文手册。

对于以上 3 种方法，应特别重视洪水调查法。在此法的基础上，可再运用其他方法试算，进行比较和验证。

### 8.3.3 排洪沟设计要点

#### 1. 排洪沟布置应与区域总体规划统一考虑

在城市或工矿企业建设规划设计中，必须重视防洪和排洪问题。应根据总图规划设计，合理布置排洪沟，城市建筑物或工矿厂房建筑均应避免设在山洪口上，不与洪水主流发生顶冲。

排洪沟布置还应与铁路、公路、排水等工程相协调，尽量避免穿越铁路、公路，以减少交叉构筑物。同时，排洪沟应布置在厂区、居住区外围靠山坡一侧，避免穿绕建筑群，以免因沟渠转折过多而增加桥、涵建筑，这样不仅会造成投资浪费，还会造成沟道水流不畅。排洪沟与建筑物之间应留有 3 m 以上的距离，以防洪水冲刷建筑物。

#### 2. 排洪沟应尽可能利用原有天然山洪沟道

原有山洪沟道是洪水常年冲刷形成的，其形状、底床都比较稳定，应尽量利用作为排洪沟。当原有沟道不能满足设计要求而必须加以整修时，亦应尽可能不改变原有沟道的水力条件，而要因势利导，使洪水排泄畅通。

#### 3. 排洪沟应尽量利用自然地形坡度

排洪沟的走向应沿大部分地面水流的垂直方向，因此应充分利用自然地形坡度，使洪水能以重力通过最短距离排入受纳水体。一般情况下，排洪沟上不设泵站。

#### 4. 排洪渠平面布置的基本要求

（1）进口段：为使洪水能顺利进入排洪沟，进口形式和布置很重要。排洪沟的进口应直接插入山洪沟，衔接点的高程为原山洪沟的高程，该形式适用于排洪沟与山沟夹角小的情况，也适用于高速排洪沟。另外一种方式是以侧流堰作为进口，将截流坝的顶面作成侧流堰渠与排洪沟直接相接，此形式适用于排洪沟与山洪沟夹角较大且进口高程高于原山洪沟底高程的情况。

进口段的形式应根据地形、地质及水力条件进行合理的方案比较和选择。进口段的长度一般不小于 3 m，并应在进口段上段一定范围内进行必要的整治，使之衔接良好，水流通畅，具有较好的水流条件。为防止洪水冲刷，进口段应选择在地形和地质条件良好的地段。

（2）出口段：排洪沟出口段应布置在不致冲刷排放地点（河流、山谷等）的岸坡，因此，应选择在地质条件良好的地段，并采取护砌措施。此外，出口段宜设置渐变段，逐渐增大宽度，以减少单宽流量，降低流速，或采用消能、加固等措施。出口标高宜在相应的排洪设计重现期的河流洪水位以上，一般应在河流常水位以上。

（3）连接段：当排洪沟受地形限制而不能布置成直线时，应保证转弯处有良好的水流条件，平面上的转弯沟道的弯曲半径一般不小于设计水面宽度的 5～10 倍。排洪沟的设计安全超高一般采用 0.3～0.5 m。

### 5. 排洪沟纵向坡度的确定

排洪沟的纵向坡度应根据地形、地质、护砌材料、原有天然排洪沟坡度以及冲淤情况等条件确定，一般不小于 1‰。工程设计时，要使沟内水流速度均匀增加，以防止沟内产生淤积。当纵向坡度很大时，应考虑设置跌水或陡槽，但不得设在转弯处。一次跌水高度通常为 0.2～1.5 m。很多地方采用条石砌筑的梯级渠道，每级梯级高 0.3～0.6 m，有的多达 20～30级，消能效果很好。陡槽也称急流槽，纵向坡度一般为 20%～60%，多采用块石或条石砌筑，也有采用钢筋混凝土浇筑的。陡槽终端应设消能设施。

### 6. 排洪沟的断面形式、材料及其选择

排洪明渠的断面形式常用矩形或梯形断面，最小断面 $B \times H = 0.4\text{m} \times 0.4$ m；沟渠材料及加固形式应根据沟内最大流速、当地地形及地质条件、当地材料供应情况确定。一般常用片石、块石铺砌。不宜采用土明沟。

图 8.15 为常用排洪明渠断面及其加固形式。图 8.16 为设在较大坡度的山坡上的截洪沟断面及使用的铺砌材料。

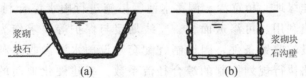

图 8.15　排洪沟断面示意图

（a）梯形断面；（b）矩形断面

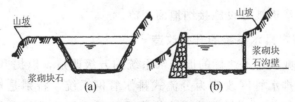

图 8.16　截洪沟断面图

（a）梯形断面；（b）矩形断面

### 7. 排洪沟最大流速的规定

为了防止山洪冲刷，应按流速的大小选用不同铺砌的加固形式。表 8.6 规定了不同铺砌的排洪沟的最大设计流速。

**表 8.6　排洪沟最大设计流速**

| 沟渠护砌条件 | 最大设计流速 | 沟渠护砌条件 | 最大设计流速 |
| --- | --- | --- | --- |
| 浆砌块石 | $2.0 \sim 4.5$ | 混凝土浇制 | $10.0 \sim 20.0$ |
| 坚硬块石浆砌 | $6.5 \sim 12.0$ | 草皮护面 | $0.9 \sim 2.2$ |
| 混凝土护面 | $5.0 \sim 10.0$ | | |

## 8.4 雨水的内涝防治和回收利用

### 8.4.1 雨水的内涝防治

城市排涝系统涉及的内容很多，通常采用的内涝防治措施可分为雨水渗透、雨水收集利用等源头控制措施和增加雨水排泄通道、雨水调蓄设施等蓄排措施两类。

#### 1. 加速雨水源头控制和利用

应积极推行对雨水渗透影响较低的开发建设模式，采取屋顶收集、透水铺装、低洼绿地、植草沟、调蓄水池等措施进行雨水综合利用。将建筑、小区雨水收集利用、可渗透面积、蓝线划定与保护等要求作为城市规划许可和项目建设的前置条件，因地制宜配套建设雨水滞渗收集利用等削峰调蓄设施。严格执行规划控制的综合径流系数，新建硬化地面的可渗透面积应保证不低于 40%，有条件的地区还应对既有硬化地面进行透水性改造；规划绿地时，宜使其标高较周边地面标高低 $5 \sim 25$ cm；当条件允许时，可设置植草沟、渗透池等设施接纳地面径流。

#### 2. 加快城市排水系统的升级改造

逐步推进城市内不达标的旧排水系统的升级改造，以提升其排水能力，将原来合流制排水管网改建为分流式排水管网系统，特别是对下凹式立交桥区排水系统的改造，并带动周边排水系统的升级改造，尽量实现以点带面的效果。对于新城区，要严格按照《室外排水设计规范》的标准进行设计。

**3．加大城市蓄滞区建设，合理设置涝水行泄通道**

当发生暴雨等极端天气，导致管网排水能力不足时，可将城镇河湖、景观水体、下凹式绿地和城市广场等公共设施作为临时雨水调蓄设施，所以在规划设计这些设施时，应该考虑这方面的需求；在内河、沟渠、道路的设计过程中，应充分考虑暴雨时雨水径流的排泄需要，预留一定的河道宽度、冗余道路，或在道路两侧设计合理的排水通道等，加强雨水的行泄能力；同时对于某些重要地区还要根据实际情况考虑设置地下的大型管渠、调蓄池和调蓄隧道等设施，保证在地表设施无法满足需求时可以提供额外的排泄能力。

**4．整治河道，确保泄水通畅**

河道是城市雨水排泄的重要通道，要定期进行清淤整治，保证雨水的及时排泄。有条件的地区，还应考虑在河道上游设置水库、缓洪池、谷坊等设施，以拦截、延缓洪水进入河道下游，从而实现城市雨水径流的错峰，从而缓解城市排水管网压力。城区河道两侧应设置一定宽度的绿地，作为洪水爆发的缓冲地带，同时还可以承担一定的雨水滞蓄、下渗的作用。

## 8.4.2 雨水的综合利用

雨水综合利用系统是指采用先进的技术措施实现对雨水资源的回收利用，可采用的措施包括雨水的集蓄、渗透、排洪减涝、水景、屋顶绿化甚至太阳能利用等多种子系统的组合。

雨水综合利用系统的设计关键是处理好子系统间的关系，包括收集调蓄水量与渗透水量、水质净化处理的关系、投资的关系等。系统中包含的子系统越多，设计中需要考虑的关系就越复杂。

在新建生活小区、公园等环境较好的城市园区，采取一定的措施将区内雨水进行收集利用，可以起到降低城市暴雨径流和污染物排放量、减少水涝和改善环境等效果。因这种系统涉及面宽，需要处理好初期雨水截流、净化、绿地与道路高程、建筑内外雨水收集排放系统等环节的关系。具体做法和规模依据园区特点而不同，一般包括水景、渗透、雨水收集、净化处理、回用和排放系统等。

对包括雨水利用子系统的小区水景观复杂体系，需要进行综合性的规划设计和科学合理的设计流程来保证整个系统的成功。

# 第9章 污水管网系统的设计

城市污水包括居民生活污水和工业污水。居民生活污水指居民家庭日常生活中产生的污水,公共建筑污水指机关、学校、医院、办公楼、娱乐场所、宾馆、浴室、商业网点等产生的污水。工业废水是工业企业内产生的工业废水和生活污水及淋浴污水。城市污水管网的主要功能是收集和输送城镇区域中的生活污水和生产废水,其中生活污水占有较大部分的比例。

污水管网的设计涉及以下几个方面:

- 管网流量的确定,包括总流量及各管段流量。
- 管段的直径、埋深、衔接设计与水力计算。
- 泵站规模及设置地点的确定。
- 施工图绘制等。

## 9.1 城市污水总流量的确定

### 9.1.1 污水量定额的确定

城市污水产生于城市生产生活的用水过程,一般情况下,城市用水量大概有 60%~80% 会作为城市污水进行排放,在夏天等干旱季节甚至只有用水量的 50%。

实际城市总的污水中,还应包括通过管道的接口、裂隙等处进入排水管的地下水和地面雨水等,雨水还可能从检查井口进入污水管,还有一些自备水源的企业或其他用户的排水等。

我国《室外排水设计规范》规定,居民生活污水设计流量应根据当地的给水设计流量,并结合建筑内部排水设施的完善程度进行确定,通常为给水流量的 80%~90%;工矿企业内生活污水量的确定,应按照《室外给水设计规范》规定的标准进行确定;城市工业废水量及其总变化系数要根据企业规模及采用的工艺特点确定。

国家和行业根据经验会给出有关用水量或废水量定额的一定参考范围,设计时需根据实际情况进行选择调整,要考虑到用水设备的改进、用水计量与价格的变化、工业用水重复利用率的提高、生产工艺改进、管理水平及工人素质提高等对生产、生活废水量定额的影响。

排水系统管网的污水流量设计计算不同于给水管网的设计流量的计算，其采用的是平均日污水量定额和相应的总变化系数，而不是最高日用水量定额和相应的时变化系数。

## 9.1.2 污水量的变化

污水的排放来自于城市的用水，自然与给水一样也是随时间变化的，如图9.1所示。同样可以用变化系数和变化曲线来描述污水排放量的变化规律。

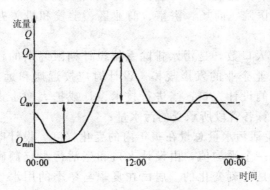

**图9.1 排水量日变化统计曲线**

污水量的变化系数是污水管网流量确定的重要依据，常采用日变化系数和时变化系数进行描述。

日变化系数 $K_d$：指计划服务期间，污水最高日排放量与平均日排放量的比值；

时变化系数 $K_h$：指计划服务期间，污水的最高日、最高时排放量与该日平均时排放量的比值；

总变化系数 $K_z$：指计划服务期间，污水的最高日、最高时排放量与平均日、平均时排放量的比值。

根据定义，总变化系数与日变化系数和时变化系数之间有下列关系：

$$K_z = K_d K_h \tag{9.1.1}$$

## 9.1.3 生活污水设计流量的确定

居民生活污水流量的确定主要受到生活设施条件、设计人口和污水流量变化等因素的影响。其中设计人口是指预计排水系统设计使用年限终期的居民人口数量。如果排水工程系统是准备分期实施的，则还应明确各个分期时段内的服务人口数，用于计算各个分期时段内的污水量。

同一城市中可能存在着多个排水服务区域，其污水量标准不同，计算时要对每个区分别按照其规划目标，取用适当的污水量定额，按各区实际服务人口计算该区的生活污水设计流量。

居民生活污水设计流量 $Q_1$ 用下式计算：

$$Q_1 = \frac{nNK_z}{24 \times 3600}$$ (9.1.2)

式中，$Q_1$ 表示居住区生活污水设计流量；

$n$ 表示平均日生活污水排水定额，可参考居民生活用水定额或综合生活用水定额，包括居民生活污水（包括日常生活中洗涤、冲厕、洗澡等）和公共设施（包括医院、商场、浴室、商业区、学校和机关办公室等）排出污水两部分；

$N$ 表示设计人口数，是污水排除系统设计期限终期的计划人口数，它取决于城乡或工业企业的发展规模。设计时应按近期和远期的发展规模，分期估算出各期的设计人口；当进行技术设计或扩大初步设计时，根据街区人口密度来计算各管段所承受的污水量；

$K_z$ 描述了生活污水量总量在一年内的变化幅度。设计时给出的居住区生活污水定额是一个平均值，由设计人口和生活污水定额确定。实际上城市污水排放流量是时刻变化的。居民在夏季与冬季的用水量不同，所以污水量也不同。一日中，日间和晚间的污水量也不相同，日间各小时的污水量也有很大的差异。一般说来，居住区的污水量在凌晨几个小时最小，上午 6 点～8 点和下午 5 点～8 点流量较大。就是在一小时内，污水量也是有变化的，但这个变化比较小，通常假定一小时过程中流入污水管道的污水是均匀的。这种假定一般不致影响污水排水系统设计和运转的合理性。

污水管道应按最大日、最大时的污水量来进行设计，因此需要求出总变化系数。用式（3.1.1）计算总变化系数一般都难以做到，因为城市中关于日变化系数和时变化系数的资料都较缺乏。但通常服务面积越大，服务人口越多，污水量就越大，而变化系数越小；反之则变化系数越大。也可以说总变化系数一般与污水量有关，其流量变化幅度与平均流量之间的关系可按下式计算：

$$K_z = \frac{2.7}{Q^{0.11}}$$ (9.1.3)

经多年应用总结后认为 $K_z$ 不宜小于 1.3。当居住区有实际生活污水量总变化系数值时，可按实测资料确定。

## 9.1.4 工业废水设计流量

工业废水设计流量计算公式为：

$$Q_2 = \frac{mMK_z}{3600T} \qquad (9.1.4)$$

式中，$m$ 表示企业生产单位产品所产生的废水量；$M$ 代表产品的平均日产量；$T$ 表示日生产时间，单位为 h。

生产单位产品或加工单位数量原料所排出的平均废水量，也称作生产过程中单位产品的废水量定额。工矿企业的工业废水量随行业类型、采用的原材料、生产工艺特点和管理水平等有很大差异。近年来，水资源的保护和合理开发利用越来越受到了国家的重视，有关部门对各工业领域的工业用水量作出了规定，排水工程的设计应与之相协调。《污水综合排放标准》对矿山工业、焦化企业（煤气厂）、有色金属冶炼及金属加工、石油炼制工业、合成洗涤剂工业、合成脂肪酸工业、湿法生产纤维板工业、制糖工业、皮革工业、发酵、酿造工业、铬盐工业、硫酸工业（水洗法）、苎麻脱胶工业、粘胶纤维工业（单纯纤维）、铁路货车洗刷、电影洗片、石油沥青工业等部分行业规定了最高允许排水量或最低允许水重复利用率，可根据企业类别、生产工艺特点等情况，按规定确定其废水排放量定额。

不同类别企业的废水排放量变化相差很大。一些工厂是均匀排出废水的，但更多的工厂是间歇性进行排放的，往往是在短时间内将累积的污水集中排放。其变化关系取决于工厂的性质和生产工艺过程。工业废水量的日变化一般较少，其日变化系数为1。时变化系数可实测，如图3.2所示为某印染厂废水量最大一天中各小时流量的变化。

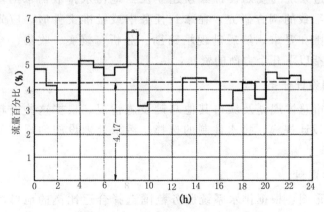

**图 9.2 某印染厂废水流量变化曲线**

某些工业废水量的时变化系数大致如下，可供参考用：冶金工业1.0～1.1；化学工业1.3～1.5；纺织工业1.5～2.0；食品工业1.5～2.0；皮革工业1.5～2.0；造纸工业1.3～1.8。

工业企业废水排放还包括企业员工的生活污水及淋浴污水排放，其设计流量可按下式计算：

$$Q_2 = \frac{A_1 B_1 K_1 + A_2 B_2 K_2}{3600T} + \frac{C_1 D_1 + C_2 D_2}{3600} \qquad (9.1.5)$$

式中，$A_1$ 和 $A_2$ 分别代表普通车间或热车间的最大班职工人数；$B_1$ 和 $B_2$ 分别表示普通车间和热车间职工生活污水定额；$K_1$ 和 $K_2$ 分别表示普通车间和热车间生活污水量时变化系数；$C_1$ 和 $C_2$ 分别表示普通车间和热车间同时使用淋浴的最大职工人数；$D_1$ 和 $D_2$ 分别表示普通车间和高温、污染严重车间的淋浴污水定额；$T$ 表示每班工作时数（h）。

城市污水设计总流量就等于上述各项污水设计流量的总和，是污水管网设计规模和水力计算的依据。实际上，上述各项污水设计流量均为该用水性质的最大值，同时出现的可能并不大，如果直接将设计流量相加将会导致管网设计规模过大，浪费资源。因此，需要逐项分析污水量的变化规律，以合理地确定城市污水设计总流量。这需要根据排水区性质、地形特点等实际情况，遵循一定的设计规范进行分析计算。

## 9.2 污水管网设计方案的确定

### 9.2.1 设计资料的调查

污水管道系统的规划设计必须建立在当地污水排放需求的基础上，需要进行深入细致的调查研究。在拿到任务书或批准文件时，应先了解本项目的服务范围和要求，然后赴现场踏勘、分析、核实、收集、补充有关资料，通常包括以下几个方面的资料：

**1. 明确设计任务**

包括城市总体规划及城市其他基础设施情况。根据这些资料可以确定排水系统的设计规模、排水体制的选择、污水处理设施的规模及流程的确定等。

**2. 自然资料**

（1）地形图：根据排水系统服务范围选择合适比例的地形图以及合适的等高线。对于泵站和污水厂的设置地区或管道与河流、铁路等存在交叉的情况，需要更加详细的地形图，一般要求其比例尺为 1：100 ～ 1：500，等高线间距为 0.5 ～ 1m。对于污水排出口附近河床横断面图也需要给出。

（2）气象资料：包括排水系统服务地区的气温、风向、日照情况、降雨量等信息。

（3）水文资料：包括受纳水体的流量、流速、水面比降、水位记录、洪水位等。

（4）地质资料：地质组成、地耐力、地下水位、地震等级等。

### 3. 工程资料

包括道路的现状和规划、通信、地铁、燃气、供水、供电等地面和地下设施的分布情况。

污水管道系统设计涉及的面比较广，虽然可从相关单位获得一些资料，但往往不够完整，个别地方不够准确。通常需要设计人员现场实地调查勘探，必要时还应去提供原始资料的气象、水文、勘测等部门查询。将收集到的资料进行整理分析、补充完善。

## 9.2.2 设计方案的确定

在对基础资料调查研究的基础上，设计人员应结合工程设计要求，对工程项目的需求提出不同的解决方案。此后必须对各设计方案在经济技术方面进行比较分析，分析各方案的利弊以及可能带来哪些严重的后果。比如，根据地形、城市规划等对排水体制的选择问题，是否可以对生活污水和工业废水进行集中处理和处置的问题；污水出水口位置与形式选择问题；与给水、防洪等工程协调问题；污水排放标准和污水、污泥处理工艺的选择问题；分阶段设计的划分问题等，涉及的内容很广泛且受政策影响较大。又如，对污水管道系统不同方案的分析比较，会涉及污水管道的布局、走向、长度、断面尺寸、埋设深度、管道材料，与障碍物相交时采用的工程措施，中途泵站的数目与位置等诸多问题。通常不同方案的比较与评价有一定的步骤和方法可循：

### 1. 建立方案的技术经济数学模型

找出各经济、技术指标的内在关系，给出表征各参数的目标函数及相应的约束条件方程。建模的方法普遍采用传统的数理统计法。由于我国的排水工程，尤其是城市污水处理方面的建设欠账太多，有关技术经济资料匮乏，加以地区差异很大，目前国内建立的技术经济数学模型多数采用标准设计法。各地在实际工作中对已建立的数学模型存在应用上的局限性与适用性。当前在缺少合适的数学模型的情况下，可以凭经验选择合适的参数。

### 2. 解技术经济数学模型

这一过程为优化设计方案的过程。从技术经济角度出发，选择设计过程中主要关心的问题作为优化目标，结合实际的项目投资总额和现有技术条件，对排水系统进行优化设计。实际工程中影响因素很多，解析计算建立的技术经济模型很困难，常对计算过程做近似以减小计算量，方法主要有图解法、列表法等。

### 3. 方案的技术经济比较

优化结束后，需要从技术经济方面对优化的结果进行评价，需要遵循一定的评价原则和方法，一般要求在同等深度下计算各方案的工程量、投资以及其他技术经济指标，然后进行比较分析。

排水工程设计方案技术经济常用的方法有：逐项对比法、综合比较法、综合评分法、两两对比加权评分法等。

### 4. 综合评价与决策

在对各方案进行了技术经济方面的比较评价之后，还需要就各设计方案在技术经济、方针政策、社会效益、环境效益等方面进行总的评价与决策，以确定最佳方案。综合评价的目标或指标，应根据工程项目的具体情况确定。

以上所述，进行方案比较与评价的步骤为项目方案设计评价的一般过程，并不一定需要严格按照步骤进行，可以根据问题的性质或者受到其他条件限制时，可以适当做出调整，可以省略或者是采取其他办法取代其中的某个步骤。比如，对于规模较小或者实际情况比较简单的工程项目，可省略建立数学模型与优化计算步骤，直接由经验给出判断。

# 9.3 污水管网的水力计算

## 9.3.1 污水管道中污水流动的特点

污水的传输是由支管到干管再到主干管的过程，最后由主干管输送到污水处理厂，整个过程中管径由小到大，呈倒树状分布。污水传输的原则是尽量利用重力实现污水的传输，大多数情况下，管道内部是不承受压力的。

污水中含有有机物和无机物等杂质，根据比重的大小，或者漂浮在水面水波逐流，或者悬浮于水中流动，最重的一些杂质沉积于管壁底部。当水流速度较小时，较重的杂质可能会淤积从而阻碍水流，甚至堵塞管道；当水流过快时，杂物的流动还可能冲刷磨损管道，这是污水与清水流动时的不同点。总的来说杂质所占比例很小，一般水分在生活污水中占有 99%以上，因此可将污水按一般液体流动规律看待，符合一般水力学的水流运动规律。

污水在管道中的流量是变化的,同时流速也由于水流的转弯、交叉、变径、跌水等水流状态的变化而不断变化。因此,实际上管道中污水是不均匀流,流量、流速均在不断发生变化。但在直线管段上,一段时间内流量基本是恒定的,同时当管道没有沉淀物时,可认为污水的流动状态接近于均匀流,因此在计算中可选取某段时间内的污水流动状态作为均匀流来进行污水管网设计计算,从而简化计算量。

### 9.3.2 污水管道断面形式

污水管道断面必须满足静力学、水力学以及经济上和养护管理上的要求。从静力学上讲,管道须有较好的稳定性,能抗内外压力和地面荷载;从水力学方面看,管道断面应保证最大的排水能力,并在一定流速下不产生沉淀物;从经济角度看,每单位长度的造价应是最低的,或运输污水是经济的;从养护管理方面看,管道断面应不易淤积且容易冲洗等。

管渠断面形式很多,常见的有圆形、半椭圆形、马蹄形、矩形和梯形等,如图9.3所示。

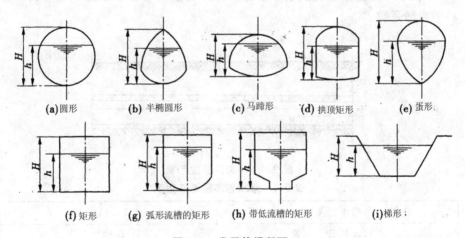

(a)圆形　(b)半椭圆形　(c)马蹄形　(d)拱顶矩形　(e)蛋形

(f)矩形　(g)弧形流槽的矩形　(h)带低流槽的矩形　(i)梯形;

**图9.3　常用管渠断面**

### 9.3.3 水力计算的基本公式

污水管道水力计算的目的在于,在保证污水流量的需求的同时使项目总投资最小化,涉及管道断面尺寸、坡度和埋深等参数的选择。为简化并提高计算精度,在排水管道的水力计算中大多将污水当作均匀水流来对待。这可以通过在设计与施工中注意改善管道的水力条件来实现(图9.4),工程中经常采用的水力计算公式如下：

描述流量的公式

$$Q = Av \tag{9.3.1}$$

描述流速的公式

$$v = C\sqrt{RI} \tag{9.3.2}$$

式中，$Q$ 表示排水管中污水流量；$A$ 表示管道中水流断面面积；$v$ 表示污水流速；$R$ 表示水力半径，定义为水流断面面积与湿周的比值；$I$ 表示水力坡度；$C$ 表示流速系数。

$C$ 值由曼宁公式给出，表示为：

$$C = \frac{1}{n}R^{\frac{1}{6}} \tag{9.3.3}$$

将上式代入式（9.3.1）和式（9.3.2）可得：

$$v = \frac{1}{n}R^{\frac{2}{3}}I^{\frac{1}{2}} \tag{9.3.4}$$

$$Q = \frac{1}{n}AR^{\frac{2}{3}}I^{\frac{1}{2}} \tag{9.3.5}$$

式中，$n$ 为管壁粗糙系数，由管渠材料决定。表 9.1 给出了一些典型材料的粗糙系数。

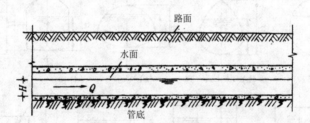

图 9.4　均匀流管段示意

表 9.1　排水管渠粗糙系数表

| 管渠种类 | $n$ 值 |
| --- | --- |
| 石棉水泥管、钢管 | 0.012 |
| 浆砌块石渠道 | 0.017 |
| 陶土管、铸铁管 | 0.013 |
| 土明渠 | 0.025 ～ 0.030 |
| 混凝土和钢筋混凝土管、水泥砂浆抹面渠道 | 0.013 ～ 0.014 |
| 干砌块石渠道 | 0.020 ～ 0.025 |
| 浆砌砖渠道 | 0.015 |

### 9.3.4 污水管道水力计算的设计数据

#### 1. 设计充满度

污水在管中的水深 $h$ 和管道直径 $D$ 的比值称为设计充满度，如图 9.5 所示。当 $h/D = 1$ 时称为满管流，当 $h/D < 1$ 时称为非满管流。

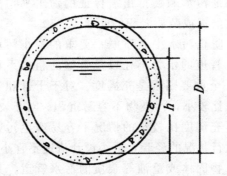

**图 9.5　充满度示意**

污水管径的设计应留有一定的余量，即按非满管流设计，理由如下：

（1）雨水或地下水会通过检查井盖或管道接口渗入污水管道，而且还存在未预见到污水的排放或者污水中污染物的沉积等。因此，有必要保留部分管道内的空间，留有一定的余量，避免超负荷的污水溢出而导致环境污染问题。

（2）污水中有机物、排泄物等分解会析出一些易燃易爆的气体，比如甲烷等，必须予以通风排除，这就要求留出一定的空间。

（3）便于管道的疏通和维护管理。

设计规范中给出了最大设计充满度的规定，见表 9.2。

**表 9.2　最大设计充满度**

| 污水管道的管径（mm） | 最大设计充满度 |
| --- | --- |
| 200 ～ 300 | 0.55 |
| 350 ～ 450 | 0.65 |
| 500 ～ 900 | 0.70 |
| ≥ 1000 | 0.75 |

污水管道的设计充满度需根据污水的平均流量进行确定，当管径较小（<300 mm）时，就有必要考虑淋浴、工厂一次性排放等短时间内流量的

突然增加情况，这时按满管流对污水管网设计复核，以免发生超负荷的情况发生。

对于明渠，设计规范规定渠中水面到渠顶的最小高度应大于等于 0.2 m。

### 2. 设计流速

设计流速是为保证污水顺畅排出需保证的污水平均流速。污水流速的过大过小会导致管壁磨损或杂质淤积的问题。

最小设计流速是防止污水中杂质淤积要求的最小污水流速，由污水中杂质的成分和粒度、管道的水力半径以及管壁的粗糙系数决定。影响管道中污染物的沉积的一个重要因素是充满度。对于干管和主干管等管道，水量较大，充满度变化比较小，污染物不容易沉积。对于支管，其水量较小，充满度变化比较大，充满度比较小的情况下容易产生污染物的沉积。根据多年污水管道实际运行状况的经验，最小设计流速不宜小于 0.6 m/s。对于污水中含有金属、矿物固体或重油等杂质的污水管道，其最小设计流速还应适当加大。

为保证管道不被流速较大的污水及其中的杂质冲刷破损，还需要设定一个最大污水流速，由管道材料决定，经验表明，对于金属管道，其最大设计流速不应超过 10 m/s，对于非金属管道，其最大设计流速不应超过 5 m/s。

### 3. 最小管径

对于支管或者干管的上游部分，往往污水的流量比较小，这时就会得到较小的计算管径，若采用这样的管径设计，将极易因为流入较大的杂质而造成堵塞，使得管道运行管理费用增加。例如，有资料显示，150 mm 的管道的堵塞次数是 200 mm 管道次数的两倍。而受到坡度、埋深等影响，两者的造价相差不大。基于此，排水系统设计规范中规定了最小的管径尺寸。规定最小污水管径为 200 mm，干管最小管径为 300 mm。对于铺设于道路下的污水管道，为减少因故障对交通的影响次数，规定最小管径为 300 mm。对于管径的选择，应选择由水力计算得出的管径和规定的最小管径的较大值。因此，常根据规定的最小管径、最小设计流速以及最大充满度来反过来推算出可满足的排水面积。若实际排水面积小于此值，则不再对该服务排水区的管网设计进行水力计算，直接采用规定的最小管径，这种管段称为不计算管段。因这种管段留有充足的管道空间，常在这种管段处设置冲洗井。

### 4. 最小设计坡度

污水并没有出水水压的要求，常希望通过重力流的方式实现污水的排除，这就希望管道的铺设沿水流方向带有一定的坡度。对于排水区域相对于水体有一定地势高度的地区，可以使管道敷设坡度与地面坡度基本一致，并没有增加很多的埋深；但是对于地势平坦或管道走向与地面坡度相反的排水区域，这时管道敷设坡度的选择就会导致埋深的增加，相应的施工成本就会增加。为防止管道内污染物的沉积，需要保证一定的最小流速，相应的就有一个最小设计坡度。

由水力计算公式可以看出，设计坡度正比于设计流速的平方，反比于水力半径的 4/3 次方。因此，在设计流速确定的情况下，可根据管径的大小求出最小设计坡度值。但是还应考虑到充满度对最小坡度选择的影响。在给定的设计充满度条件下，有这样的规律：污水管道的管径越大，需要保证的最小坡度就越小。排水系统设计规范中给出了最小管径对应的最小设计坡度值：对于 200 mm 的管径，该值为 0.004；对于 300 mm 的管径，该值为 0.003。当管道坡度不能满足最小坡度要求时，应有防淤、清淤措施。在工程设计中，不同管径的钢筋混凝土管的建议最小设计坡度见表 9.3。

表 9.3　常用管径的最小坡度设计

| 管径（mm） | 最小坡度设计 | 管径（mm） | 最小坡度设计 |
| --- | --- | --- | --- |
| 400 | 0.0015 | 1000 | 0.0006 |
| 500 | 0.0012 | 1200 | 0.0006 |
| 600 | 0.0010 | 1400 | 0.0005 |
| 800 | 0.0008 | 1500 | 0.0005 |

### 5. 污水管道的埋设深度

污水管网是排水系统最主要的组成部分，可占总投资的 $50\% \sim 75\%$，而构成污水管道造价的挖填沟槽，沟槽支撑，湿土排水，管道基础，管道铺设各部分的比重，与管道的埋设深度及开槽支撑方式有很大关系。因此，合理地设计管道埋深对于降低工程造价具有重要意义。在土质较差、地下水位较高的地区，管道埋深的减小对于工程投资总额的减小尤为重要。但是管道的覆土厚度并不是越小越好，因为管道会受到外界压力的挤压或者冬天气温较低时会受到冰冻的影响，这些都会对管道造成一定的破坏。因此管道的覆土厚度不应小于一定的最小限值，如图 9.6 所示。

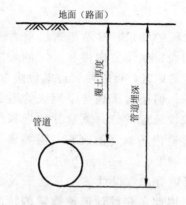

地面（路面）

覆土厚度

管道埋深

管道

**图9.6　管道埋深示意图**

污水管道的最小覆土厚度的确定，受到下述三个方面的影响：

（1）防止管道内污水冰冻和因土壤冰冻膨胀而损坏管道。我国北方的部分地区气候比较寒冷，属于季节性冻土区。土壤冰冻深度主要受气温和冻结期长短的影响，如海拉尔市最低气温为-28.5℃，最大土壤冰冻深度达3.2 m。同一城市中因地面覆盖的土壤种类、阳光照射时间不同和市区与郊区的差别等因素，冰冻深度也有很大差异。冰冻层内污水管道埋设深度或覆土厚度，应根据流量、水温、水流情况和铺设位置等因素确定。一般情况下，污水水温较高，即使在冬季，污水温度也不会低于4℃。根据东北几个寒冷城市冬季污水管道的调查和多年实测资料，满洲里市、齐齐哈尔市、哈尔滨市的出户污水管水温在4~15℃之间，齐齐哈尔市的街道污水管水温平均为5℃，一些测点的水温高达8~9℃。满洲里市和海拉尔市的污水管道出口水温，在一月份实测为7~9℃。此外，管道内的污水总是流动的，一般不易结冰。同时由于污水的热辐射，并不需要把整个污水管道都埋在土壤冰冻线以下。但是如果土壤因低温而发生冰冻现象，土壤层会发生膨胀，所以并不适合将管道全部铺设于冰冻线之上，以防因土壤膨胀而导致管道的损坏。我国《室外排水设计规范》（GB50016-2006）规定：无保温措施的污水管道，可按照管顶高于冰冻线0.15 m的埋深进行铺设。若有一定的保温措施，则可以适当加大管底在冰冻线上的距离。

（2）防止地面荷载而破坏管道。污水管道要承受来自覆盖土壤和地面车辆运行对其产生的压力。为了防止管道受到挤压而破损，除考虑管材质量以外，还需要保证管道有一定的埋设深度。因为车辆对土壤的垂直压力会随着深度增加而在横向传递，会大大降低传递到管道上的压力。工程设计中，一般要求铺设于行车道下的污水管覆土厚度应大于0.7 m。非车行道下的污水管可根据实际情况适当减小其覆土厚度。

（3）满足街区污水连接管衔接的要求。为尽量以重力流方式实现污水排出，就要保证管道沿水流方向具有一定坡度，这就要求管网起点埋深要小于管网终点的埋深。一般建筑物的污水出户连接管的最小埋深为 0.5～0.7 m，为使污水可以顺畅地排入污水管网，污水支管起点最小埋深不应小于 0.5～0.7 m。

在具体设计管网埋深过程中，上述三个不同的因素可能会导致三个不同的管底埋深的结果，那么应该选择其中最大的一个值作为该管道的最小埋深。

在满足管道最小埋深的基础上，管段的埋深也不能超过一定的最大值。管段埋深越大，则造价会越高，施工难度也会越大，这会导致工期的大大延长。所以要确定管道的最大允许埋深，该值由技术经济指标及排水区地质决定。干燥土壤中，最大埋深不宜超过 7～8 m；在多水、流砂、石灰岩地层中，不宜超过 5 m。

## 9.3.5 污水管网水力计算涉及的问题

### 1. 不计算管段的确定

在设计计算中，应首先确定"不计算管段"。我国《室外排水规范》中对设计流量很小的情况，规定了最小管径的规定，这时不需要计算就可直接选用最小管径，对于平坦地区的最小设计坡度同样可以直接按照设计规范进行确定。

排水管网常采用管壁粗糙系数为 $n = 0.014$ 的管道，对于街区和厂区，若设计流量小于 9.19 L/s 时，可直接采用 200 mm 的设计管径，最小设计坡度为 0.004；当设计流量小 33 L/s 时，对于街道下的污水管道可以直接采用 300 mm 的管径，最小设计坡度为 0.003。

### 2. 较大坡度地区管段设计

当排水区域的地形存在一定坡度时，管道应尽量利用地面坡度进行埋设，如图 9.7 所示。

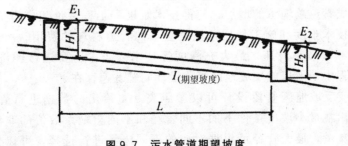

图 9.7　污水管道期望坡度

其特点是，管段的流速自然满足最小流速要求，在选择管径时要选用满足最大充满度要求的最小管径，以节约工程造价。

若地面坡度较大，则可以直接将地面坡度作为管段的设计坡度，再根据管道设计流量和最大充满度，即可得到所需的最小管径 $D$。计算过程如下：

（1）根据地形和管段两端节点处的埋深条件，用下式计算期望坡度 $I$：

$$I = \frac{(E_1 - H_1) - (E_2 - H_2)}{L} \tag{9.3.6}$$

式中，$E_1$、$E_2$ 分别表示管段上、下游节点处的地面高程；$H_1$、$H_2$ 分别表示管段上、下游节点处的埋设深度；$L$ 为管段长度。

（2）根据设计流量、期望坡度和最大充满度（按某标准管径进行选择）进行水力计算，得出计算管径。非满管流水力学公式为

$$\theta = 2\cos^{-1}\left(1 - \frac{2y}{D}\right) \tag{9.3.7}$$

利用上式可以推导出管径为

$$D = 4n^{\frac{3}{2}} q^{\frac{3}{2}} / \left[\left(1 - \frac{\sin\theta}{\theta}\right) i^{\frac{3}{4}}\right] \tag{9.3.8}$$

式中，$\theta$ 表示从水管中心到水面两端的夹角；$y$ 表示水管内水的深度；$\frac{y}{D}$ 就是充满度；$i$ 表示设计坡度；$q$ 表示管道设计流量；$n$ 为管材粗糙度。

由式（9.3.8）可以计算该管道的管径，实际中管道应选择略大于计算管径的标准产品。如果这时最大充满度不符合规定，则应重新进行计算。

（3）根据设计流量、坡度和选取的标准管径，再由式（9.3.8）和式（9.3.7）反算与标准管径对应的 $\theta$ 值和充满度，最后计算标准管径的流速。

### 3. 平坦或反坡地区管段设计

对于地形比较平坦甚至水体地势高于排水区的管网设计，其管径的确定比较复杂。因为对于某一段设计流量确定的管道，若采用较小的管径，虽然可以降低管段造价，但要满足流速的要求，必然导致需要铺设坡度的增大，造成管道总埋深的增加，使得技术难度和工程造价相应增加；反之，则会减小技术难度和施工费用，但是会增加管道材料的费用。所以，设计时不但要考虑最小流速、最大充满度等技术要求，还要进行经济性分析。在实际工程中，平坦或反坡地区管段设计问题普遍存在。

平坦或反坡地区管段设计可以参照表 9.4 给出的数据进行管径选择，表 9.4 列出在最小坡度条件下的不同管径和不同粗糙系数值的非满管流污水管道的流量，最大管径可根据对应的不同流量进行选择，可以供设计计

算参考。

　　另外，根据管道设计经验表明，对污水管道的造价影响最大的因素是管道埋深的选择，管径增加对工程总投资的增加并不显著，而坡度的选择对本管段和下游管段造价的影响是显著的。因此，这类管段一般应采用表9.4 所列最大管径。

表 9.4　最小坡度条件下的非满管流量

| 序号 | 管径 | 最小坡度 | 充满度 | 管道摩阻 $n$ 值 | | |
| --- | --- | --- | --- | --- | --- | --- |
| | | | | $n = 0.011$ | $n = 0.012$ | $n = 0.013$ |
| | | | | 流量（L/s） | | |
| 1 | 0.2 | 0.0040 | 0.55 | 11 | 10 | 10 |
| 2 | 0.3 | 0.0030 | 0.60 | 42 | 39 | 36 |
| 3 | 0.3 | 0.0015 | 0.65 | 51 | 46 | 43 |
| 4 | 0.4 | 0.0015 | 0.65 | 72 | 66 | 61 |
| 5 | 0.5 | 0.0015 | 0.65 | 99 | 90 | 84 |
| 6 | 0.5 | 0.0012 | 0.70 | 129 | 119 | 110 |
| 7 | 0.6 | 0.0010 | 0.70 | 192 | 176 | 163 |
| 8 | 0.7 | 0.0010 | 0.70 | 290 | 266 | 245 |
| 9 | 0.8 | 0.0008 | 0.70 | 370 | 339 | 313 |
| 10 | 0.9 | 0.0008 | 0.70 | 507 | 464 | 429 |
| 11 | 1.0 | 0.0006 | 0.75 | 633 | 580 | 536 |
| 12 | 1.1 | 0.0006 | 0.75 | 816 | 748 | 691 |
| 13 | 1.2 | 0.0006 | 0.75 | 1029 | 943 | 871 |
| 14 | 1.3 | 0.0006 | 0.75 | 1274 | 1168 | 1078 |
| 15 | 1.4 | 0.0005 | 0.75 | 1417 | 1299 | 1199 |
| 16 | 1.5 | 0.0005 | 0.75 | 1703 | 1561 | 1441 |

| 序号 | 管径 | 最小坡度 | 充满度 | 管道摩阻 $n$ 值 | | |
|---|---|---|---|---|---|---|
| | | | | $n = 0.011$ | $n = 0.012$ | $n = 0.013$ |
| | | | | 流量（L/s） | | |
| 17 | 1.6 | 0.0005 | 0.75 | 2023 | 1855 | 1712 |
| 18 | 1.7 | 0.0005 | 0.75 | 2378 | 2180 | 2012 |
| 19 | 1.8 | 0.0005 | 0.75 | 2770 | 2539 | 2344 |
| 20 | 2.0 | 0.0005 | 0.75 | 3669 | 3363 | 3104 |
| 21 | 2.2 | 0.0005 | 0.75 | 4730 | 4336 | 4002 |
| 22 | 2.4 | 0.0005 | 0.75 | 5965 | 5468 | 5048 |

### 4. 管段衔接设计

污水管网设计中，各管段之间的衔接是一个需要仔细考虑的问题，管段的衔接会影响管道总埋深，而且关系到是否会出现污水泄露、造成土壤的污染等问题。对于下游管段的埋深需要首先确定采用什么样的方式与上游管段进行衔接，通常有三种衔接方法：管底平接、水面平接和管顶平接，需要根据实际情况进行选择，之后才可以确定本管段的起点埋深；然后再根据设计流量、管径、流速、充满度以及管段长度等确定管段的坡度要求，最终确定终端埋深，以作为下一段排水管的衔接条件。管段末端埋深可由下式确定：

$$(E_1 - H_1) = (E_2 - H_2) - IL \qquad (8.3.9)$$

式中，$L$ 表示管段长度（m）；$IL$ 表示管段降落量（m）。

和给水管网类似，排水管网也必须仔细考虑管网控制点的选择，从而为排水管网的埋深提供依据。通常选择排水区的最远或最低点作为控制点。影响控制点选择的因素包括：各管段起点、地势较低的居住区和污水出口较深的工矿企业或公共建筑等。

进行水力计算时，下游的设计流量会逐段增加，相应的设计流速也会逐段增大。但是，当出现污水从坡度大的管道流入坡度小的管道的情况时，下游管段的流速可能会变得比较大，对于陶土管或钢筋混凝土管道的流速分别大于 1 m/s 和 1.2 m/s 时，这时可以适当减小该管段的设计流速。同样，一般情况下下游管道的管径比上游管道的管径要大，但当上游管道的坡度大于下游管道时，也可以适当减小下游管道的管径，但缩小的范围不得超过 50 ~ 100 mm。

## 9.4 污水管道的设计

### 9.4.1 确定排水区界，划分排水流域

对于大城市，为防治排水管道的管径和埋深变得过大，往往考虑分区排水系统，各分区设置相对独立的排水系统。通常根据城市所处的地形以及竖向规划，进行排水流域的划分。在丘陵及地形起伏较大的地区，通常按等高线划分排水流域，这样可以避免下游管道流速过大，造成管网的刮擦损坏。对于地形平坦的地区，通常按照服务面积划分，划分的原则是使干管在不超过最大合理埋深的前提下，尽量使流域内绝大部分污水能以自流方式接入。划分流域时要合理考虑不能通过自流进行排水的地区，要合理选择需要对污水进行提升的点。

某市排水流域划分情况如图 9.8 所示。

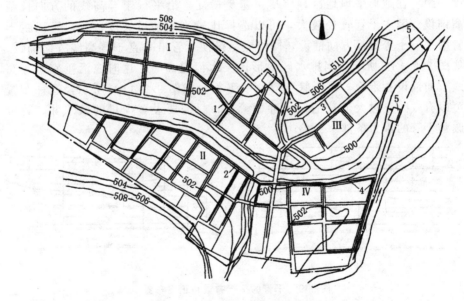

**图 9.8 某市污水排水系统平面**

0—排水区届；Ⅰ、Ⅱ、Ⅲ、Ⅳ—排水流域编号；

1、2、3、4—各排水流域干管；5—污水处理厂

该市被河流分隔为 4 个区域，根据自然地形，可分为 4 个独立的排水流

域。每个排水流域内有1条或1条以上的污水干管，Ⅰ、Ⅲ两区形成河北排水区，Ⅱ、Ⅳ两区为河南排水区，北南两区污水进入各区污水处理厂，经处理后排入河流。

### 9.4.2 管道定线和平面布置的组合

在城镇（地区）总平面图上确定污水管道的位置和走向，称污水管道系统的定线。合理的管网定线关系到管网系统设计的经济合理性。

管道定线一般按主干管、干管、支管顺序依次进行。定线时应考虑用尽量短的管线和尽量小的埋深，实现最大区域的污水自流排除，以节约工程造价。为实现这一目的，定线过程中要仔细考虑以下几个影响因素：排水地形和管网布局；排水体制；污水厂和出水口位置；水文地质条件；地下管线及构筑物的位置；道路宽度；工矿企业和生产大量污水的建筑物的分布情况。

地形是管网定线的主要影响因素。污水的排放应充分利用地形进行自流排放，所以管线往往顺坡铺设。实际工程建设中，往往将主干管及干管铺设于整个排水区域地势较低的地方，横支管的坡度也尽可能地与地面坡度一致。在地形平坦地区，应尽量避免横支管沿平行于等高线的方向长距离铺设。因主干管管径较大，可以选择比较小的铺设坡度，所以可以主干管沿平行于等高线方向铺设，同时应尽量使干管沿垂直于等高线方向铺设，如图9.9（a）所示。当排水区地形比集水河道高时，这时应沿垂直于等高线方向铺设主干管，使干管与等高线平行，如图9.9（b）所示，这种布置可以有效防止过大流速的污水冲刷管道，只需要设置少量的跌水井，就可改善干管的水力条件。

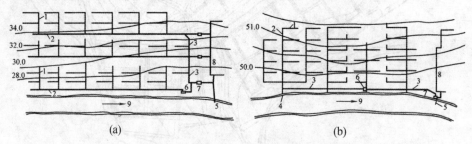

图9.9 干管的平行布置和正交布置
（a）平行式布置；（b）正交式布置

在地形平坦地区，管道的埋深会迅速增加，这时需要考虑设泵站来避免埋深超过一定的限值，以减小工程造价和减小维护管理的复杂性。但是建设泵站本身也会增加工程的造价。因此，管道定线时要进行一定的折中，最终目的是降低工程总造价。

　　污水支管的布置应根据地形及街区建筑特征进行设计，总的目标是便于用户接管排水。当排水面积较小时，可考虑采用集中出水方式进行排水，支管铺设在街区较低侧的街道下，如图 9.10（a）所示，称为低边式布置。当街区面积较大且地势平坦时，污水支管宜沿排水区四周街道进行铺设，如图 9.10（b）所示。建筑物的污水排出管可与街道支管连接，称为周边式布置。街区已按规划确定，街区内污水管网按各建筑的需要设计，组成一个系统，再穿过其他街区并与所穿街区的污水管网相连，如图 9.10（c）所示，称为穿坊式布置。

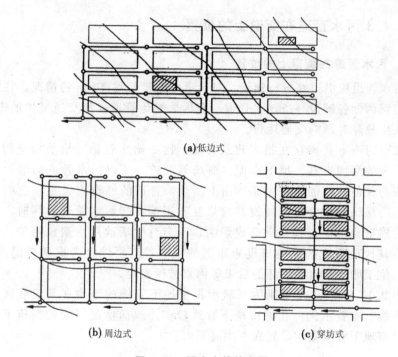

**图 9.10　污水支管的布置**

　　污水厂和出水口位置的选择将决定污水主干管的走向。例如，在大城市或地形复杂的城市，往往设置有多个污水厂，这就导致必须增加主干管的铺设数目。而对于较小的城市或具有一定坡度的城市，通常只需要一座污水厂即可满足需求，相应的只需要一条主干管。考虑规模效应，常建造区域污水厂来对相邻的多个城市污水进行集中处理，这时需要相应的区域污水管道系统。

　　排水体制的选择也会影响到管道定线。采用合流制时要确定截流干管及溢流井的正确位置。选用分流制系统则自然需要两个或两个以上的管道系统。若采用混合体制，则要合理考虑两者的衔接方式。

排水区地质条件，地下构筑物以及其他障碍物也会对管道定线产生影响。对于管道，特别是主干管，应布置于坚硬密实的土壤中，尽量避免或减少管道穿越高地，基岩浅露地带，或基质土壤不良地带。尽量避免或减少与河道、山谷、铁路及各种地下构筑物交叉，以降低施工费用，缩短工期及减少运行维护的复杂性。在管道必须经过高地的情况下，可考虑采用隧洞或增设提升泵站；当污水管道无法避开铁路、河流、地铁或其他地下建（构）筑物时，管道最好垂直穿过障碍物，并根据具体情况采用倒虹管、管桥或其他工程设施。

### 9.4.3 污水管道在街道上的位置

#### 1. 污水管道在街道上的位置

污水管道应沿道路进行铺设，对于道路宽度超过 40 m 的情况，往往需要在道路两侧各铺设一条污水管道。应尽量避免管道横穿交通繁忙的道路，以免发生故障时影响交通运行。

城市的地下其实存在很多建筑设施，比如给水管道、给水构筑物、高层建筑物的深埋地基、地下车库、商场等设施，所以污水管道的铺设应充分考虑与其他设施的协调关系。由上所述，管道的铺设应满足一定的基本要求：①保证各种管道的铺设和检修互不影响；②污水管道损坏时，保证不会对附近建筑物及其基础造成影响，不会对生活饮用水造成污染。污水管道与其他地下管线或建筑设施距离的确定，需要综合考虑两者的类型、标高、施工顺序和管线损坏的后果等因素进行确定。

图 9.11 和图 9.12 分别为某城市街道地下管线的布置和某工业区道路地下管线的布置示例。在城市地下管线较多，地面情况复杂的街道下，可以把城市地下管线集中设置在专用隧道内。

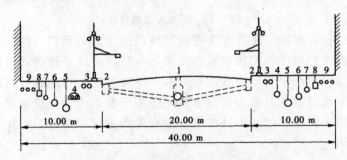

图 9.11　某城市街道地下管线的布置

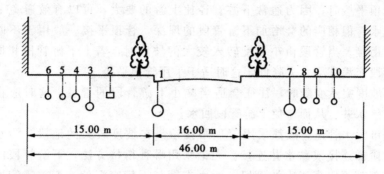

**图 9.12　某工业区道路地下管线的布置**

### 2．污水管道的衔接

污水管道在管径、坡度、高程、方向发生变化及支管接入的地方都需设检查井，管道在检查井内的衔接应遵循以下原则：

（1）尽可能提高下游管段的高程，以减少埋深，降低造价。

（2）避免污水的回流而造成上流管段的淤积。

（3）不允许下游管段的管底高于上游管段的管底。

管道的衔接方法有水面平接、管顶平接和跌水衔接三种，见图 9.13。

跌水衔接应用在高差较大的情况下的管道连接，当管道坡度突然变陡时，往往会适当减小下游管段的管径，为避免上游管段出现回水的现象，这时应在衔接段设置跌水井进行连接。

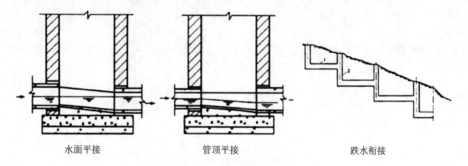

水面平接　　　　　　　　管顶平接　　　　　　　　跌水衔接

**图 9.13　管道的衔接**

所谓水面平接是指污水管道上、下游管段在满足设计充满度要求的情况下的水面相同。设计过程中，如果上下游管段的管径相同，通常下游管段要比上游管段的充满度要大，这时为避免回水淤积，宜采用水面平接。在平坦地区，为减少管道埋深，异管径的管段有时也采用水面平接。这时可能会存在上游管道回水淤积的现象。

所谓管顶平接是指将上、下游管段的管顶内壁对齐进行衔接的方式。

采用管顶平接时，因为通常下游管径比上游的要大，可以有效避免上游管段的回水，但相应的会增加下游管段的埋深，管顶平接一般用于不同口径管道的衔接。当管段由小坡度转入较大的坡度时，若上下游管段相同，则下游管段充满度会大大降低，这时适于采用管顶平接。

当坡度突然变陡时，往往会适当减小下游管段的管径，这时应在衔接段设置跌水井，从而避免上游管段回水。

城市污水管道一般都采用管顶平接法。在坡度较大的地段，污水管道可采用阶梯连接或跌水井连接。无论采用哪种衔接方法，下游管段的水面和管底部都不应高于上游管段。污水支管与干管交汇处，若支管管底高程与干管管底高程相差较大时，需在支管上设置跌水井，经跌落后再接入干管，以保证干管的水力条件。

# 第 10 章　合流制管渠系统的设计

## 10.1 合流制管渠系统的特点和布置

### 1. 合流制管渠系统的特点

合流制管渠是指由同一套排水系统对生活污水、工业废水和雨水进行收集排除的排水系统，又可分为直泄式合流制和截流式合流制两种。直泄式合流制系统对污水不进行处理，直接进行收集排放，会造成水体的严重污染，因此现在已不再采用。故本书只介绍截流式合流制管渠系统。

截流式合流型管渠系统是指在污水排出口附近铺设截流干管以收集来自上游或旁侧的生活污水、工业废水以及雨水，并将混合污水送往污水厂进行处理后排放。在晴天时，没有雨水径流，截流管往往以非满流状态运行。而且在降雨时，降雨强度也是在不断变化的，只有在降雨强度达到设计降雨强度时，才会以满流状态运行。当雨水径流量的增加使得混合污水量超过输水管的设计输水能力时，部分污水就会溢出溢流井并由溢流管道直接排入水体，会造成河流的污染。如图 4.1 所示为截流式合流制组成示意图。

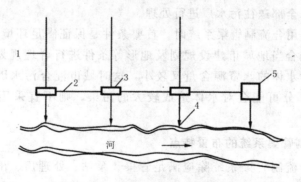

**图 10.1　截流式合流制组成示意图**

1—合流管道；2—截流管道；3—溢流井；4—出水口；5—污水处理厂

截流式合流制管渠系统在一定程度上满足了环境保护方面的要求，但截流式合流制的缺点也很明显：由于截流式合流制管渠的过水断面很大，而在晴天时流量很小，流速低，往往在管底形成淤积，降雨时雨水径流的增加使得管渠中流量增大，水流流速增加，会将沉积在管底的大量污物冲刷起来，在管渠中流量超过管渠设计输水能力后，会将这些污染物带入水体形成严重的污染。另外，在暴雨期间，管渠污水流量增长迅速，有部分带有生活污水和工业废水的混合污水通过溢流井溢入水体，造成水体周期性污染。

**2. 合流制管渠系统的使用条件**

综上所述，通常需要考虑在满足一定的使用条件下才考虑采用合流制管渠系统，现总结如下：

（1）排水区域内存在一处或多处水体水源时，可以分区域进行排水，这样可以减小管道的管径，从而保证了污水的流速不会过小，减少晴天时的管底污染物沉积。同时还得保证雨天时溢出的混合污水量要在汇集水体的自净能力范围内。

（2）在某些横断面比较窄的街道，管道铺设空间有限，这时可以考虑选用合流制。

（3）排水区相对于水体具有一定的高程时，可以保证管道流速，且当水体处于高水位，当不淹没岸边的情况下，污水在中途不需要泵站提升，可以选用合流制排水管渠设计。

（4）特别干旱的地区，污水总流量比较小，为节省工程投资量，可以考虑采用合流制管渠设计。

（5）水体生态比较脆弱，对卫生要求特别高的地区，雨水不能直接排放，需要经过处理才可以进行排放，这时可以考虑采用合流制管渠系统，将污水与雨水全部送往污水厂进行处理。

在考虑采用合流制管渠系统时，首要条件是保证满足环境保护的要求，之后才应该结合当地城市建设规划及地形等条件进行合理规划。若排水区距水体较远，水体的水资源含量又较小，这时城市混合污水因降雨量的增加而溢出的部分可能会对水体造成较大的污染，则不宜采用合流制排水系统。

**3. 合流制管渠系统的布置特点**

截流式合流制管渠系统除应满足管渠、泵站、处理厂、出水口等布置的一般要求外，还需满足以下要求：

（1）管渠的布置最基本的原则是必须保证服务面积上的所有生活污水、工业废水和雨水的排放要求，并尽量缩短排水管的长度。

（2）应在截流干管的适当位置上设置溢流井，使超过干管设计输水能力的污水可以得到及时的排放。

（3）应综合考虑干管管径、坡度的选择与溢流井数量的选择，以降低工程总造价。从环境保护的角度出发，应尽量增大合流制管渠系统管道的管径，减少溢流井的数目，尽量将所有的污水送入污水处理厂进行处理后排放。从经济上讲，溢流井的造价便宜，如果减少溢流井的数目，必然要增加截流干管的尺寸，这会增加工程的总造价。但设置过多的溢流井，会增加溢流井和排放渠道的造价，特别在溢流井离水体较远、施工条件困难时更是如此。

（4）对于降雨量较少，地面渗透面积较大以及有合适的雨水排水沟等设施的地区，可不考虑雨水管道的排放需求。只有当地面排泄系统不能满足雨水的排放需求时，才考虑布置合流管渠。

（5）汛期时，因降雨量的增加导致水体的水位升高时，可能会使得河水沿溢流井管道倒灌进入污水管渠，这时就需要在溢流管渠上设置闸门，还要考虑设置排水泵站加速污水的排放，这种情况下宜将溢流井适当集中，以减少排水泵站的设置数量，从而减少泵站造价和管理难度多。

（6）为了彻底解决溢流混合污水对水体的污染问题，又能充分利用截流式合流制排水系统造价便宜、易于管理的优点，可考虑在溢流出水口附近设置贮水池，从而将溢出的混合污水临时进行贮存，待降雨强度下降后再送往污水处理厂进行处理、排放。此外，污水还在贮水池中经过了一定的沉淀作用，可对溢流污水进行一定的预处理。但贮水池规模通常比较大，另外，还需要增设泵站对贮水池中污水送入管渠。

目前，合流制排水系统大多存在于城市的旧城区，而在新建城区和工矿区则多采用分流制，特别是当生产污水中含有毒物质，超过环境的净化能力之后，则必须采用分流制，或者预先对这种污水单独进行处理到符合要求后，再排入合流制管渠系统。

## 10.2 合流制排水管渠的设计流量

### 10.2.1 完全合流制排水管网设计流量

完全合流制排水管网系统即将雨污水全部送到污水厂处理的系统，主要应用于对水体水质卫生标准要求很高或者较干旱地区。一般在污水处理厂前设置一个大型调节池，或者在城市地下修建大型调节水库，将全部污水和雨水经过处理后再排至水体。

完全合流制排水管网系统的管道设计流量 $Q_z$ 为设计的城市生活污水量

$Q_s$、设计的工业企业废水量 $Q_g$ 和设计的雨水量 $Q_y$ 三者的总和，表示为：

$$Q_z = Q_s + Q_g + Q_y = Q_h + Q_y \qquad (4.2.1)$$

式中，$Q_h$ 表示生活污水量 $Q_s$ 和工业废水量 $Q_g$ 之和。不包括检查井、管道接口和管道裂隙等处的渗入地下水和雨水，相当于晴天时的城市污水量，所以 $Q_h$ 也称为旱流污水量。

对于城市规模较小、降雨量又比较丰富的地区，在进行水力计算时，可能会遇到生活污水与工业废水的流量之和远远小于雨水设计流量（小于5%）的情况，若采用合流制排水系统，这时可以将生活污水和工业废水的流量忽略不计，因为它们的加入并不会对管径和管道坡度的选择造成影响。即使生活污水量和工业废水量较大，也没有必要把三部分设计流量之和作为河流管渠的设计流量，因为设计流量都是按照峰值进行计算的，它们同时出现的概率很小，可将生活污水量和工业废水量的平均流量加上雨水设计流量作为合流管渠的设计流量。

## 10.2.2 截流式合流制排水管网设计流量

对于截流式合流制排水系统，当遇到暴雨等极端天气时会出现混合污水直接排入水体造成污染的情况。所以需要合理的确定截流管以及污水处理厂的设计规模，通常采用截留倍数来表量。截留倍数定义为刚好出现溢流情况时，截流管中的流量与旱流污水量的比值，标记为 $n_0$。该值由旱流污水的水质和水量及其总变化系数、水体卫生要求等因素决定。显然，截流倍数的取值就决定了其下游管渠的大小和污水处理厂的设计负荷。

截流式合流制排水管渠的设计流量，在溢流井上游和下游是不同的。其上游管渠部分实际上相当于完全合流制排水管网，其设计流量计算方法与完全合流制排水管网计算方法完全相同，这里不再赘述。

溢流井下游管渠的设计流量应包括 3 部分，即下游管渠排水服务面积上的旱流量、雨水设计流量和溢流井截留的上游管渠混合污水流量。溢流井下游截流管道的设计流量 $Q_j$ 可按下式计算：

$$Q_j = (n_0 + 1)Q_h + Q'_h + Q'_y \qquad (10.2.2)$$

式中，$Q_h$ 表示从溢流井截流的上游日平均旱流污水量；$Q'_h$ 表示溢流井下游纳入的旱流污水量；$Q'_y$ 表示溢流井下游纳入的设计雨水量。

截流式合流制的设计过程中，首先需要合理地确定截流倍数 $n_0$。从保护环境的角度来看，应采用较大的截流倍数，可以将污水全部送到污水厂处理后再行排放。但是截流倍数增大，相应的会使截流干管、提升泵站以及污水厂的设计规模和造价增加。调查研究表明，降雨初期的雨污混合水中 BOD 和 SS 的浓度比晴天污水中的浓度明显增高，当雨水流量达到晴天时最大污水量的 2 ～ 3 倍时，污染物浓度显著下降，之后浓度趋于稳定。因此，截流倍数 $n_0$ 的选取在 2.6～4.5 范围内。

我国《室外排水设计规范》规定截流倍数 $n_0$ 的取值在 1～5 之间，具体数值根据排放条件的不同来确定，最终选取的值须上报当地卫生主管部门以征得同意。我国多数城市多采用 $n_0 = 3$。欧美等发达国家，截流倍数多为 $n_0 = 3 \sim 5$。

溢流井的设置还可以起到调节污水管道埋深的作用，可以以溢流井与合流管道连接处作为分界，将排水管段分段进行水力计算，使各段的管径和坡度与该段截流管的流量相匹配。

在城市规模较小且降雨量较大的地区，合流制管渠中雨水设计流量要远高于生活污水合工业废水的总和，即晴天时旱流污水量远小于管道的设计流量，所以旱流流量的变化对合流制污水管道的设计没有什么实际意义，往往忽略旱流流量变化的影响。

在降雨的时候，完全合流制管道或截流式合流制管道可以达到的最大流量即为式 (10.2.1) 或式 (10.2.2) 的计算值，一般为管道满流时所能输送的水量。

## 10.3 合流制排水管渠的水力计算

### 10.3.1 合流制排水管网水力计算内容和设计数据

#### 1. 水力计算内容

因为雨水设计流量在一年的大多数时间都不会出现，所以合流制排水管网可以按照满管流状态进行设计。水力计算的设计数据类似于雨水管渠设计的计算过程，在第二章中已经进行了详细介绍，这里不再赘述。合流制排水管网水力计算内容介绍如下：

（1）溢流井上游合流管渠的计算：与雨水管渠计算过程相同，只是设计流量包括雨水、生活污水和工业废水 3 部分。

（2）截流干管和溢流井的计算：重点是选择合理的截流倍数 $n_0$。$n_0$ 值确定之后，就可以得到截流干管的设计流量，这样就可以对截流干管和溢流井进行水力计算。溢流井是截流干管上最重要的构筑物，常用的溢流井主要有截流槽式、溢流堰式、跳越堰式溢流井，其构造见下一小节。

（3）晴天旱流流量的校核：对于忽略旱流流量影响的合流制管网设计，最后应进行旱流流量的校核，应保证旱流污水的流速达到污水管渠最小流速的要求，一般为 0.35～0.5 m/s。对于合流制污水管网的上游管段，其旱流流量往往很小，其旱流流速通常难以或没有达到最小流速的要求，这种情况下就需要在管渠底部设底流槽来保证旱流时的流速，否则就需要加强养护管理，定时对管渠进行冲洗，以防淤塞。

合流管渠的设计应偏于安全性考虑，因为合流制管渠中混合污水如果溢出，将对环境造成严重的污染，所以合流制管渠相比于雨水管渠，其设计重现期往往要更大，通常高于雨水管渠重现期的 10%～25%。具体数值需要根据城市规划以及当地降雨量情况等进行确定。

**2 设计数据**

合流制排水管渠水力计算的设计数据，包括设计流速、最小坡度和最小管径等，基本上和雨水管渠的设计相同。

（1）设计充满度：合流制排水管渠的设计充满度一般按满流考虑。

（2）设计流速：合流制排水管渠最小设计流速为 0.75 m/s。但合流管渠在晴天时只有旱流流量，管内充满度很低，流速很小，易淤积，为改善旱流的水力条件，应校核旱流时管内流速，一般宜控制在 0.2～0.5 m/s 范围内；同时为防止过分冲刷管道，最大流速的设计同污水管道。

（3）雨水设计重现期：相比于雨水管渠系统，合流管渠的雨水设计重现期选择应适当增大（一般可增大 10%～25%），以防止混合污水的溢出，因为混合污水的溢出造成的污染更为严重，所以应严格掌握合流管渠的设计重现期和允许的积水程度。

（4）截流倍数：截流倍数应根据旱流污水的水质和水量、水体条件及其卫生要求、水文及气象条件等因素确定。

## 10.3.2 溢水井的设计

在截流式合流制排水系统中，在合流管道与截流干管的交汇处应设置溢流井，其作用是将超过溢流井下游输水能力的那部分混合污水通过溢流井溢流排出。

溢流井的形式有截流槽式、溢流堰式和跳跃堰式 3 种。

如图 10.2 所示为截流槽式溢流井，是最简单的一种，在井中设置截流槽，槽顶与截流干管管顶相平，当上游来水量超过截流干管输水能力时，水从槽顶溢出，进入溢流管排入水体。

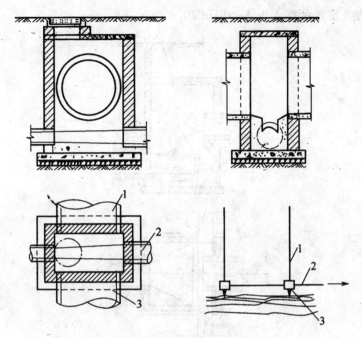

图 10.2　截流槽式溢流井

　　溢流堰式溢流井，是在流槽的一侧设置溢流堰，槽中水位超过堰顶时，超量的水即溢入水体，如图 10.3 所示。

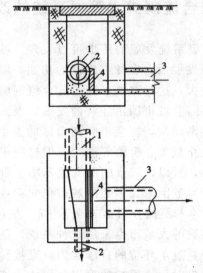

图 10.3　溢流堰式溢流井

1—合流沟道；2—截流干沟；3—溢流沟道；4—溢流堰墙

　　跳跃堰式溢流井，是当上游流量大到一定程度时，水流将跳跃过截流干管，进入溢流管排入水体，如图 10.4 所示。

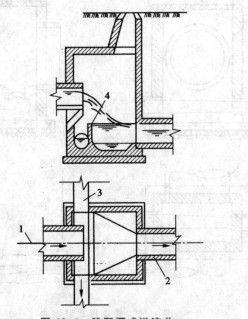

**图 10.4　跳跃堰式溢流井**
1—雨水入流干管；2—雨水流出干管；3—雨水截流干沟；4—隔墙

## 10.4 城市旧合流制排水管渠系统的改造

　　研究城市排水管渠系统发展的历史可以发现，城市排水系统的发展是随着城市化的进程而发展的。在城市建设的初期，城市生活污水和工业废水的排放量都不是很大，这时往往可以通过合流制明渠直接将雨水和少量污水排入附近水体。随着城市国民经济的发展以及人口的聚集，这时生活污水和工业废水量逐渐增加，将会影响到市区的卫生状况，这时就需要将明渠改为暗管，以防止蚊蝇、病菌等滋生，但这时仍然是将污水集中收集并直接排入附近水体，所以，城市的旧城区基本上都是采用完全合流制排水管网系统。目前世界范围内大多数的城市仍然存在大量的完全合流制排水管网系统，例如日本和英国分别有 70％和 67％左右的城市采用合流制排水系统，我国绝大多数的大城市也采用这种系统。随着工业与城市的进一步发展，污水量已经超过了环境的自净能力，直接排入水体势必会破坏环境生态平衡。当今世界对环境保护的意识已深入人心，自然城市旧合流制排水管渠系统的改造就被提上了日程。

　　目前，对城市旧合流制排水系统的改造，通常有如下几种途径。

### 10.4.1 改为分流制

为改善城市污水对水体的污染问题，最彻底的方法就是将合流制排水系统改为分流制排水系统。这种方法可以实现雨污水分流，可以对城市污水进行完全处理，同时需要处理的污水成分和流量基本稳定，降低了污水厂的运行管理的复杂性。通常在具有下列条件时，可考虑将合流制改造为分流制：

（1）建筑内部存在完善的将生活污水与雨水分流设备。

（2）工厂内部存在生产废水的清浊分流设备，可以实现将生产污水进行处理后或将符合要求的生产污水接入城市污水管道系统，将较清洁的生产废水接入城市雨水管渠系统，或直接循环使用。

（3）要确认城市地下具有足够的空间，允许增建分流制污水管道，且施工过程中不能对城市的交通造成严重影响。

一般地说，建筑内部的卫生设备目前已日趋完善，生活污水与雨水分流比较容易实现；但工厂内的清浊分流，因已建车间内工艺设备的平面位置与竖向布置比较固定而不太容易做到；至于城市街道横断面的大小，则往往由于旧城市（区）的街道比较窄，加之年代已久，地下管线较多，交通也较繁忙，使改建工程的施工极为困难。

### 10.4.2 改造为截流式合流制管网

由于分流制改造过程中投资量巨大、施工条件不足、工期较长等原因，很难实现将合流制改为分流制系统。目前多将旧合流制排水系统改造为截流式合流制排水系统，即在合适的地点修建截流干管和污水处理厂，将污水进行汇集处理后进行排放，其运行情况以在上文多有阐述。截流式合流制排水系统的缺点是污水处理厂规模较大、运行管理比较复杂，且不能保证可以将所有污水进行处理。溢流的混合污水不仅含有部分旱流污水，而且夹带有晴天沉积在管底的污物。据调查，$1953 \sim 1954$ 年，由伦敦溢流入泰晤士河的混合污水的 5 日生化需氧量浓度平均高达 $239 \ \mathrm{mg/L}$，而进入污水厂的污水的 5 日生化需氧量也只有 $239 \sim 281 \ \mathrm{mg/L}$。由此可见，溢流混合污水的污染程度仍然是相当严重的，足以对水体造成局部或全局污染。

### 10.4.3 对溢流混合污水进行适当处理

对于溢流的混合污水对水体的污染问题，随工业与城市的进一步发展变得日益严重，这时就必须采取适当措施对溢流混合污水进行处理。包括对溢流污水进行细筛滤、沉淀，或者氯消毒等处理后再进行排放。对于有条件的地区，也可采用增设蓄水池或地下人工水库等措施，将溢流的混合污水储存起来，待降雨强度峰值过后再通过泵站将其送入污水厂进行处理、排放。这样，可以较好地解决溢流混合污水对水体的污染问题。

### 10.4.4 对溢流混合污水量进行控制

为减少溢流混合污水对水体的污染，在土壤有足够渗透性且地下水位较低的地区，可通过提高地表持水能力和地表渗透能力的措施来减少暴雨径流，从而降低溢流的混合污水量。例如，据美国的研究结果，采用透水性路面或没有细料的沥青混合料路面，可削减高峰径流量的83％，且载重运输工具或冰冻不会破坏透水性路面的完整结构，但需定期清理路面以防阻塞。也可采用屋面、街道、停车场或公园里为限制暴雨进入管道的临时蓄水塘等表面蓄水措施，削减高峰径流量。

应当指出，城市旧合流制排水系统的改造具有很大的挑战性，必须根据当地的具体情况，与城市规划相结合，在满足水体环境保护的前提下，在原有排水系统的基础上进行合理规划设计，制定符合环境保护、经济可行原则的改造方案。

前已述及，一个城市根据不同的情况可能采用不同的排水体制。这样，在一个城市中就可能有分流制与合流制并存的情况。在这种情况下，存在两种管渠系统的连接方式问题。当合流制排水管渠系统中雨天的混合污水能全部经污水厂进行二级处理时，这两种管渠系统的连接方式比较灵活。当合流管渠中雨天的混合污水不能全部经污水厂进行二级处理时，也就是当污水厂的二级处理设备的能力有限，或者合流管渠系统中没有储存雨天混合污水的设施，而在雨天必须从污水厂二级处理设备之前溢流部分混合污水入水体时，两种管渠系统之间就必须采用如图10.5所示的（a）、（b）方式连接，（a）、（b）连接方式是合流管渠中的混合污水先溢流，然后再与分流制的污水管道系统连接，两种管渠系统一经汇流后，汇流的全部污水都将通过污水厂二级处理后再进行排放。（c）、（d）连接方式则或是在管道上，或是在初次沉淀池中，两种管渠系统先汇流，然后再从管道上或从初次沉淀池后溢流出部分混合污水入水体。这无疑会造成溢流混合污水更大程度的污染，因为在合流管渠中已被生活污水和工业废水污染了的混合污水，又进一步受到分流制排水管渠系统中生活污水和工业废水的污染。为了保护水体，这样的连接方式要避免。

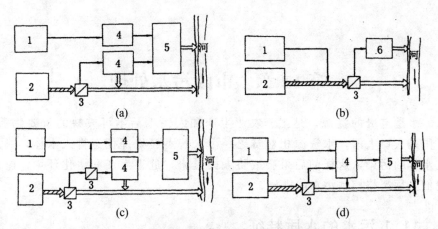

图 10.5　合流制与分流制管渠排水系统的连接方式

# 第 11 章　市政污水处理

水是宝贵的资源，是工、农业生产和人民生活不可或缺的重要物质。我国是人口大国，水资源相对贫乏。污水若不经处理任意排入水体，将造成水体的污染，这样的后果会威胁人民健康，危害生产和恶化环境，所以我们必须严格控制污水的排放。

## 11.1 污水的水质特征

### 11.1.1 污水的来源、分类及水质特征

#### 1. 生活污水

生活污水的水质、水量随人们的季节性用水习惯而变化，一般夏季用水量多，废水浓度相对较低，冬季用水量比较小，相应的污水浓度较大。春末夏初晴天时人们开始大量换洗衣物，污水中洗涤剂含量倍增，导致污水水质波动大，往往会给污水处理厂的曝气池带来泡沫等一系列运行问题。

生活污水一般不含有毒物质，但是富含对微生物繁殖有利的物质，导致病原体的大量繁殖，病原体的传播会对人们的健康造成一定的威胁。

#### 2. 工业废水

工业用水的绝大部分是作为洗涤、冷却、地面冲洗等进行使用的，因此工业废水中污染物来源主要是生产原料以及其副产物等。工业废水中污染物成分较为恒定，所以需要特别注意有毒有害物、重金属浓度及酸碱度、盐度等指标，这些物质常会影响处理方法的选用。工业废水的特点是类型繁多，水量差别悬殊，水质成分复杂。

生产废水可细分为生产污水和生产废水两种。前者污染程度较重，是处理的对象，而后者污染较轻，或仅仅是水温增高，一般不需要处理。

#### 3. 初期雨水

初期雨水通常因大气中或地面表层附着的污染物而污染严重，可携带大量有机污染物。农业径流通常含有大量的氮和磷而使河流呈现富营养化。

### 11.1.2 城市污水的性质与污染指标

城市污水的性质特征可从物理、化学、生物这三方面进行描述。

#### 1. 污水的物理性质及指标

污水物理性质包括水温、色度、臭味、固体含量及泡沫等指标。

（1）水温。水温对污水的物理性质、化学性质及生物性质有直接影响。污水的温度过低（如低于 5 ℃）或过高（如高于 40 ℃）都会影响污水的生物处理效果。

（2）色度。色度是用来表征水的颜色的指标，通常随水中的悬浮固体、胶体或溶解物质的变化而不同。一般生活污水呈灰色，当其中的溶解氧含量降低时，有机物会因为厌氧反应而腐烂，使水的色度变为黑褐色，同时伴有臭味的产生。生产污水的色度则随工矿企业性质的不同具有较大的差异，由所含污染物的种类决定。

（3）臭味。生活污水的臭味主要来自于其中的有机物腐败产生的气体。工业废水的臭味则主要来自于其中的挥发性化合物分解产生的气体。臭味往往对人体的器官造成不适的感觉，如会导致人体呼吸困难、倒胃、胸闷、呕吐等现象，严重时甚至会危及人体生理健康。

（4）固体含量。污水中往往含有大量的固体物质，这些物质根据其性质的不同可分为有机物、无机物和生物体 3 种。按存在形态的不同又可分为悬浮物、胶体和溶解物 3 种；表征污水中固体含量的指标是总固体量，记为 TS。

悬浮固体（SS）是指以颗粒状存在于污水中的污染物质。粒径在 1.0 $\mu$m 以上的称为粗分散性悬浮固体（包括乳化物质和油珠）；粒径在 0.1 ~ 1.0 $\mu$m 之间的称为细分散性悬浮固体。

胶体（粒径在 0.1 ~ 0.001 $\mu$m 之间）和溶解物或称为溶解固体（DS）大多是有机与无机物质。

#### 2. 污水的化学性质及指标

将污水中的杂质按照其化学性质进行分类，则可以分为无机物和有机物两种。

（1）无机物污染指标。表征无机物的指标包括酸碱度、氮、磷及重金属离子浓度等。

1）酸碱度。酸碱度定义为氢离子浓度的负对数，标记为 pH。对人、畜生命健康安全的 pH 值范围为 6~9，过高或过低都会对生命安全造成危害，同时也会影响污水的物理、化学及生物处理。

2）总氮 TN、氨氮 $NH_3 - N$、凯氏氮 TKN。

a. TN 是指水中有机氮、氨氮和总氧化氮（ $NH_3 NO_2$ 及 $NH_3 NO_3$ 之和）等含量的总和。有机污染物又可细分为植物性和动物性两类：植物性有机污染物是指果皮、果肉、菜叶、残余饭菜颗粒等有机物；动物性有机污染物包括人畜粪便、动物组织碎块等，其化学成分以氮为主。氮元素为微生物的繁殖提供了丰富的营养，藻类等微生物大量繁殖会导致湖泊、海湾、水库等缓流水体含氧量下降、杂质增大等问题，会严重破坏水体生态平衡，是废水处理的主要对象之一。

b. 氨氮 $NH_3 - N$：氨氮是水中以 $NH_3$ 和 $NH_4^-$ 形式存在的氮，氨氮是有毒物质，不仅会造成水体黑臭、藻类大量繁殖等污染，还会导致鱼类的死亡（浓度达到 $0.2 \sim 2.0$ mg/L 时）。氨还会在硝化细菌的作用下转化为 $NO_2^-$ 和 $NO_3^-$，消耗水体中大量的氧含量。

c. 凯氏氮 TKN：是氨氮和有机氮的总和。

3）总磷 TP。污水中的含磷物质包括有机磷和无机磷两种。和氮一样，磷也是微生物繁殖的重要营养物质之一，也会导致缓流水体的富营养化。

4）重金属离子。城市污水中的重金属主要有汞、铬、镉、铅等。汞的毒性强，产生毒性的剂量小，而且极易沉淀，在污水和污泥再利用过程中，容易通过食物链富集，危害人体健康，患水俣病、骨痛病等。镉、铬、铅都会对人体造成严重的伤害，会导致慢性中毒。

（2）有机物污染指标。

1）生化需氧量 BOD。生化需氧量是在指定的温度和时间段内，微生物（主要是细菌）降解水中有机物所需的氧量。自然状态下有机物的完全降解需要历时 100 天以上，实际污水处理中常采用 20 ℃下 5 天的 $BOD_5$ 来衡量污水中可生物降解有机物的浓度。

2）化学需氧量 COD。城市污水中的有机物含量常采用 $BOD_5$ 来表征，但实际应用中存在一定的缺陷：①测定时间过长，无法及时指导实践；②不能反映难降解物质的含量；③测定结果易受污水中污染物的影响，比如工业废水中的重金属离子等污染物会抑制微生物的生长繁殖。这些情况下就需要采用 COD 指标来进行补充或代替。COD 是指在酸性条件下，强氧化剂重铬酸钾氧化有机污染物为 $CO_2$、$H_2O$ 所需的氧含量，这种方法可以更准确地测定污水中有机物的含量，且用时短，不受水质影响；缺点是不能给出可微生物降解的有机含量，另外结果会受到部分无机物氧化消耗的氧含量的影响，并不是完全准确。

在城市污水处理分析中，常采用 $BOD_5/COD$ 来作为污染物可生化指标。当 $BOD_5/COD \geqslant 0.3$ 时，可生化性较好，适宜采用生化处理工艺。

3）总需氧量 TOD。由于有机物的主要组成元素是 C、H、O、N、S 等，可氧化产生 $CO_2$、$H_2O$、$NO_2$ 和 $SO_2$，过程中所消耗的氧量称为总需氧量 TOD。

TOD 的测定原理是将一定量的氧气流注入一定数量的水样中，再通过以铂钢为触媒的燃烧管，在 900 ℃高温下燃烧，使水样中有机物燃烧氧化，消耗掉的氧含量即为总需氧量 TOD，测定时间仅需几分钟。

4）总有机碳 TOC。总有机碳 TOC 是目前国内、外开始使用的另一个表示有机物浓度的综合指标。TOC 的测定原理是将一定数量的氧气流注入经酸化处理后的水样，同样用燃烧管将有机物燃烧并记录 $CO_2$ 的数量，然后折算成含碳量即为总有机碳 TOC。通常事先需用压缩空气吹脱其中的无机碳酸盐，以排除干扰。

**3. 污水的生物性质及指标**

污水的生物性质通常有大肠菌群数、大肠菌群指数、病毒及细菌总数等几个指标。

（1）大肠菌群数是指每升水样中含有的大肠菌群数目，以个/L 计；大肠菌群指数是指出现 1 个大肠菌群所需的最少水量，单位为 mL。可见大肠菌群数与大肠菌群指数是互为倒数，即

$$大肠菌群指数 = \frac{1000}{大肠菌群数} \tag{11.1.1}$$

大肠菌群数一般作为污水被粪便污染程度的卫生指标，水中存在大肠菌，就表明受到粪便的污染，并可能存在病原菌。

（2）病毒，目前已检出的病毒种类有 100 多种。目前病毒的检验方法主要有数量测定法与蚀斑测定法两种。

（3）细菌总数，细菌总数是大肠菌群数、病原菌、病毒及其他细菌数的总和，以每毫升水样中的细菌菌落总数表示。

# 11.2 污水处理方法

污水处理是指通过一定的措施，将引起污水色、臭、味或者对人体有害的污染物分离去除，或转变为无害物质，以达到净水的目的，满足排水或回收利用要求。

现代污水处理技术，主要分为物理处理法、化学处理法和生物化学处理法三类。

### 11.2.1 物理处理法

物理处理法主要是针对污水中的悬浮污进行处理的方法，主要方法包括筛滤法、上浮法、反渗透法、沉淀法、过滤法和气浮法等。

过滤法在给水工程篇第六章做了详细介绍，这里不再赘述。这里主要介绍筛滤法和沉淀法。

#### 1. 筛滤法

污水的筛滤主要通过格栅来完成。城市污水经管网流入污水处理厂时，一般首先要经粗格栅进入集水池，将较大的呈悬浮状或漂浮状的物质截留，格栅的筛滤对后续构筑物或水泵机组起到保护的作用，防治粗糙污染物在流动过程中对后续构筑物造成磨损。格栅可以截留污水中悬浮固体重量的10％左右，可见格栅处理作用具重要意义。

格栅是由一组平行的金属栅条或筛网制成，通常斜置在污水流经的渠道或构筑物的进出口处。一般分为粗格栅和细格栅两种。粗格栅设置在泵站集水池中，其间隙宽度依污水类型和水泵型号来决定。城市污水处理厂使用的粗格栅一般采用 $16 \sim 25$ mm 的间隙。细格栅一般设置在沉沙池前，一般间隙范围为 $5 \sim 10$ mm。另外，在每个构筑物出水口处均可设置人工清理的格栅，一般格栅斜置倾角为 $60° \sim 70°$。截留下来的固体残渣含水率约为 $70\％ \sim 80\％$，密度约为 $750$ kg/m³（见图 11.2）。

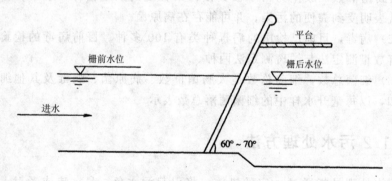

**图 11.2　格栅设置示意图**

格栅按清理方式分为人工清理格栅和机械格栅两类。一般均采用机械格栅，小型污水厂可采用人工格栅。按设备形式分为直格栅、弧形格栅、回转式格栅、阶梯格栅和螺旋格栅等。

#### 2. 沉淀法

污水中的有一定量的悬浮物比重比水要重，沉淀就是利用重力的作用使这些固定污染物下沉，从而与水分离的一种过程。这种工艺具有简单易行，分离效果良好的特点。在各种类型的污水处理系统中，沉淀一般是不可缺少的一种工艺，而且还可能多次采用。

根据悬浮物的性质、浓度及絮凝特性，沉淀可分为四种类型。

第一类是自由沉淀，当污水中的悬浮固体浓度不高时，同时这些固体颗粒之间不发生相互作用，没有凝聚性能，这时发生的沉淀过程就是自由沉淀。在沉淀过程中，固体颗粒形状、尺寸不发生改变，也不互相黏合，各自独立地完成沉淀过程。沉沙池和在初次沉淀池内的沉淀过程即属于此类。经过沉淀实验可得到沉淀时间和沉淀率的关系曲线，如图 11.3 所示。

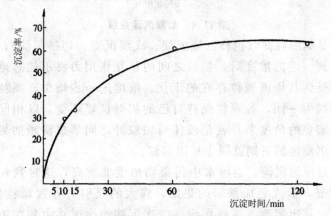

**图 11.3  某城市污水沉淀时间和沉淀率关系曲线**

第二类是絮凝沉淀（也称干涉沉淀），絮凝沉淀是为了加速污水中悬浮物的沉淀过程而加入混凝剂，使得悬浮胶体等分散颗粒相互作用形成絮凝体，从而使沉速加快。颗粒间由于互相碰撞而黏合形成凝絮体，碰撞的次数越多，黏合的可能性也越大，加大沉淀速度会增加颗粒间的碰撞次数。

在探讨这种类型沉淀的特性时，必须与悬浮物的絮凝性能一并考虑，此外，还应注意到，在这种类型的沉淀中，颗粒的沉速是变化的，悬浮物质的去除率不仅取决于沉速，而且也和深度有关，如图 11.4 所示为絮凝沉淀的沉淀曲线。

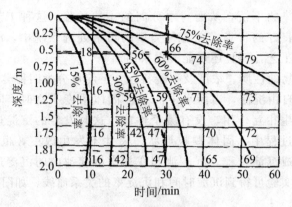

**图 11.4 絮凝沉淀曲线**

第三类是集团沉淀（也称区域沉淀、成层沉淀、拥挤沉淀），当污水中悬浮颗粒达到一定的浓度后，颗粒之间的相互作用力将不能忽略，颗粒的沉淀速度将受到其周围颗粒存在的干扰。浓度进一步增加，颗粒会因聚合力的作用凝结为一团，各颗粒保持自己的相对位置不变，以相同的速度一起下沉。从宏观的角度来看就是液体与颗粒群之间形成清晰的界面。活性污泥在二次沉淀池的后期就属于集团沉淀。

第四类是压缩沉淀，当污水中污染物浓度非常高，这时颗粒间相互作用力非常明显，形成更加紧密的集团，强大的吸引力导致颗粒群的浓缩，集团中的水被挤出界面。活性污泥在二次沉淀池污泥斗中和在浓缩池的浓缩即属于这一过程。

在二次沉淀池中的活性污泥能够依次地经历上述四种类型的沉淀（参见图 11.5）。

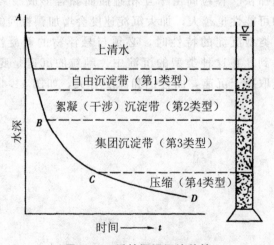

**图 11.5 活性污泥沉淀特性**

由图 11.5 可见，活性污泥的自由沉淀过程在很短的时间内就会完成，很快就过渡到絮凝沉淀阶段，沉淀的大部分时间都属于集团沉淀和压缩沉淀。从 B 点开始即会形成泥水届面。

### 3. 理想沉淀池

为定量分析沉淀池内悬浮颗粒的运动规律及分离效果，提出一种理想沉淀池模型进行分析。

理想沉淀池的建立做了一些假设，包括：

（1）假定污水在池内的每个质点都是沿着水平方向流动，流速为 $v$。

（2）假定悬浮颗粒在池内分布是均匀的，且其在水平方向的流速等于污水的流速 $v$，其沉速保持不变。

（3）已沉淀的颗粒不再上浮。

如图 11.6 所示为理想沉淀池的示意图，按功能可分为流入区、流出区、沉淀区和污泥区四部分。某一颗粒从 A 点处进入沉淀区，按照假设，它的运动轨迹为沿水平分速 $v$ 和沉速 $u$ 的矢量和的方向，是斜率为 $\dfrac{u}{v}$ 的斜线。

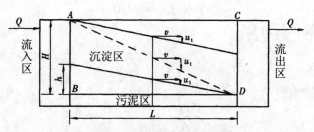

**图 11.6　理想沉淀池的示意图**

定义 $u_0$ 为从 A 点进入沉淀池的颗粒可以沉入池底的最小速度，如图 11.6 所示，可表示为：

$$u_0 = \frac{H}{L}v \qquad (11.2.1)$$

由式（5.2.1）可知，沉速大于或等于 $u_0$ 的颗粒，在其未到达 D 点之前即已沉于池底。沉速小于 $u_0$ 的颗粒则不能一概而论，要看颗粒处于水中的具体位置来决定。靠近水面的部分将不能沉于池底并被挟出池外；接近池底的部分可以沉于池底。

假设沉速等于 $u$ 的颗粒占全部颗粒的 $\mathrm{d}P\ \%$，其中的 $\dfrac{h}{H}\mathrm{d}P\ \%$ 将从水中分离出去。

根据关系式

$$h = ut, \quad H = u_0 t \qquad (11.2.2)$$

可得

$$\frac{h}{H}\mathrm{d}P = \frac{u}{u_0}\mathrm{d}P \qquad (11.2.3)$$

对沉速小于 $u_0$ 的全部颗粒来说，从水中分离出来的总量可表示为

$$\int_0^{u_0} \frac{u}{u_0}\mathrm{d}P = \frac{1}{u_0}\int_0^{u_0} u\mathrm{d}P \qquad (11.2.4)$$

于是悬浮颗粒在沉淀池中的全部去除率为：

$$\eta = 100 - P_0 + \frac{1}{u_0}\int_0^{u_0} u\mathrm{d}P \qquad (11.2.5)$$

其中，$P_0$ 表示沉速小于 $u_0$ 的颗粒在全部悬浮颗粒中所占的百分数。

设处理水量为 $Q(\mathrm{m^3/s})$，而分离面积 $A = B \cdot L(\mathrm{m^2})$，（$B$ 为理想沉淀池的宽度），可得下列各项关系式：

沉淀池中颗粒的沉淀时间：

$$t = \frac{L}{V} = \frac{H}{u} \qquad (11.2.6)$$

沉淀池的容积

$$V = Qt = HBL \qquad (11.2.7)$$

通过沉淀池的流量

$$Q = \frac{v}{t} = \frac{HBL}{t} \qquad (11.2.8)$$

由 $H = ut$ 和 $A = LB$ 可得

$$\frac{Q}{A} = u = q \qquad (11.2.9)$$

$\frac{Q}{A}$ 的物理意义为单位时间内通过沉淀池单位表面积的流量，一般称之为表面负荷或溢流率，单位为 $\mathrm{m^3/(m^3 \cdot s)}$ 或 $\mathrm{m^3/(m^2 \cdot h)}$。

从公式（5.2.9）可以看出，表面负荷与颗粒的沉淀速度在数值上是相同的，通过沉淀试验求得应去除颗粒群的最小沉速 $u$，同时也就求得了理想沉淀池的表面负荷率 $q$ 值。

### 4. 沉沙池

沉沙池是从污水中分离密度较大的无机颗粒，一般沉沙池建于泵站后、初沉池前。它的主要作用是保护机件和管道免受磨损，减轻沉淀池的负荷，且可以实现无机颗粒和有机颗粒的分离作用，便于分别处理和处置。对于城市污水处理厂来说，它是一个必不可少的处理设施。

沉沙池是通过重力分离原理来设计构造的，沉沙池的污水流速的选择

应保证密度较大的无机颗粒可以通过自然沉淀去除。一般有三种形式沉沙池：平流式沉沙池、曝气沉沙池和旋流沉沙池。

（1）平流式沉沙池。平流式沉沙池的水流部分可以看作为明渠，两端分别设置闸板，以实现水流流速的控制，在池的底部设有沉沙斗，下接排沙管，最后通过池内水的静压来开启沉沙斗的闸阀完成排沙。当设有洗沙和分沙设备时，一般是通过射流泵或螺旋泵来完成排沙。

平流式沉沙池因其截留效果较好、构造简单的特点被广泛采用。进水方向为直进直出，污水在池内的停留时间一般大于 30 s，流速控制在 0.3～0.15 m/s 范围内。一般要求池的座数或分格数不少于两个，池子的有效水深不宜超过 1.2 m，宽度不小于 0.6 m，一般设定范围为 0.8～2.0 m 之间，这样在污水流量小时，只需以一格或两格运行。池底的坡度应设置为 0.01～0.02 之间。它的主要缺点是当流量变化较大时，不好控制污水流速，从而降低除沙效率。

（2）曝气沉沙池。曝气沉沙池是目前较普遍采用的形式，因为我们希望沉沙池所截留的沙粒中都是无机的，然而平流式沉沙池不能很好地分开有机物和无机物，曝气沉沙池就是为了解决这个问题而设计的。

曝气沉沙池的工作原理是，通过水流冲刷杂质颗粒处于悬浮状态，然后通过曝气使颗粒之间相互摩擦，通过摩擦以及曝气的剪切力，将附着在沙粒上的有机物去除，这样可以得到较纯净的沙粒。曝气沉沙池中固体沉渣中有机物含量约为 5% 左右，这样可以保护晒沙场的渗水效果，而且长时间搁置也不会腐败。

（3）旋流式沉沙池。旋流式沉沙池采用圆形浅池型，池壁上开有较大的进出水口，池底为平底或向中心倾斜的斜底，底部中心的下部是一个较大的砂斗，沉沙池中心设有搅拌和排砂设备。旋流式沉沙池的气味小，沉砂中夹带的有机物含量低，可在一定范围内适应水量变化，是当前的流形设计，有多种规格的定型设计可供选用。其主要设计要求是：

1）最高流量时的水力停留时间不应小于 30s；

2）设计水力表面负荷为 150～200m³/（m²·h）；

3）有效水深宜为 1.0～2.0m，池径与池深比宜为 2.0～2.5；

4）池中应设立式桨叶分离机。

在构造上，曝气沉沙池是一长条形渠道，如图 11.7 所示。

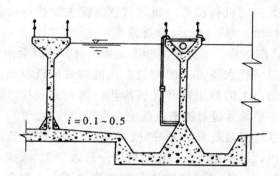

**图 11.7　曝气沉沙池的剖面图**

　　在池的一侧设置空气管，并在距池底 30～90 cm 处沿水流方向安装曝气装置，如图 11.8 所示。这些曝气装置一般采用孔径为 2.5～6 mm 的穿孔管，也可采用其他形式的粗孔曝气器，一般在池的一侧设置纵向挡板来撇除浮渣、油脂。排砂通常采用刮沙机或抓砂斗等机械来完成。

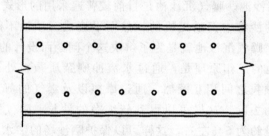

**图 11.8　曝气穿孔管仰视图**

　　由于曝气的作用，污水在池中螺旋式前进，为了便于旋流的形成，一般池子的进口和出口以 90°夹角布置。

　　水流在池中的旋流速度是：过水断面的中心处近似为零，在四周边缘最大。由于旋流，当水量变化时不影响水流速度，除沙效果稳定。

　　污水在曝气沉沙池中的停留时间为 1～3 min，旋转速度 0.25～0.3 m/s，水平流速为 0.08～0.12 m/s，曝气量一般为 0.2 m³ 空气/ m³ 污水。

### 5. 初沉池

　　初次沉淀池设置在曝气池和生物滤池前，主要作用是去除原污水中的悬浮颗粒，减轻后续处理构筑物的负荷。一般来讲，初沉池可去除污水中悬浮物的 50%、$BOD_5$ 的 25%，按去除单位重量$BOD_5$或悬浮物计算，初沉池是最为节省的净化步骤，具体来讲初沉池的主要作用是：

　　•去除悬浮物和漂浮物。

　　•使细小的固体絮凝成较大的颗粒并予以去除。

　　•去除被较大颗粒吸附后的部分胶体物质。

● 具有一定的缓冲、调节作用，由于初沉池容积较大，对水质不断变化的污水起一定调节作用，以减轻对后续生化处理的冲击。

有些污水处理工艺流程将二沉池污泥回流至初沉池，使初沉污泥可吸附更多的溶解性有机物，以提高初沉池对 $BOD_5$ 的去除率。

初沉池运行效果不好会影响二级处理，使二级处理出现固体或 BOD 超负荷，并使二级处理出现更多的污泥。例如初沉池中油脂的去除是否达标会影响到二级处理的充氧以及生物滤池的正常运行，可见初沉池的重要意义。

（1）初沉池对污染物的去除原理及效率。

1）悬浮物的去除。在单纯的一级处理厂中，可投加化学絮凝剂催化更细小的悬浮物和胶体物沉淀，絮凝剂在水中引起化学反应，使得悬浮颗粒凝结成密度较大的絮凝体，当絮凝体下沉时，可将污水中悬浮物和胶体颗粒吸附于絮体表面，从而提高初沉池的去除效率。这种工艺称为一级强化处理。

2）油脂的去除。污水中所含的脂肪、蜡、游离脂肪酸、钙镁肥皂、矿油和其他质轻、细小的物质统称油脂。在静置条件下，部分油脂可随污泥下沉，部分可浮至表面集结而形成浮渣，在初沉池出水堰处设置浮渣挡板加以收集排除，以防这些浮渣随出水带出。含油量大的污水处理中可采用气浮装置去除油脂。

（2）初沉池类型及构造。沉淀池的内部构造均包括了流入、流出、沉淀、污泥四个区和缓冲层共五个部分。流入和流出区需要保证水流均匀地流过；沉淀区完成可沉颗粒的去除工作；污泥区完成污泥的贮放、浓缩以及排出等任务；缓冲层是沉淀区和污泥区的中间水层，起到防治已下沉的颗粒受到水的搅动而再次浮起，如图 11.9 所示。

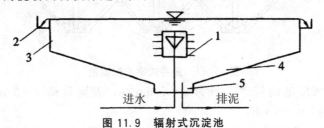

**图 11.9　辐射式沉淀池**

1—流入区；2—流出区；3—沉淀区；4—缓冲层；5—表污泥区

沉淀池根据水流方向可分为平流式、辐流式、竖流式三种，也是城市污水厂常采用的三种形式。

1）平流式沉淀池。污水从一端流入，沿水平方向在池中流动，从另一端流出，构造呈长方形，在池底设置贮泥斗，靠重力排泥，池上设有刮泥设备，出水端设有浮渣去除设备。图 11.10 是使用较广泛的平流式沉淀池。

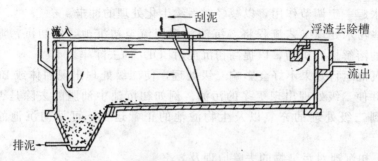

**图 11.10  平流式沉淀池构造示意图**

为保证污水均匀地流入沉淀池，通常将污水通过横向潜孔送入沉淀池，该流入装置在整个宽度上均匀地设置很多潜孔，并在潜孔后设挡板将污水进行消能处理，使污水均匀分布，挡板高出水面 0.15～0.2 m，伸入水下的深度不小于 0.2 m。

流出装置多采用堰，堰前通常也要设置挡板，其作用是拦截浮渣，同时还设有浮渣收集和去除装置。悬浮颗粒多沉淀于沉淀池的前部，因此在池的前部设贮泥斗，其中的污泥通过排泥管底 0.15～0.2m 的水静压排出池外，池底一般设 0.01～0.02 的坡度。

另外有一种多斗式的平流沉淀池，每个贮泥斗单独设排泥管，可以各自独立排泥，互不干扰，不需要机械的刮泥设备，如图 11.11 所示。

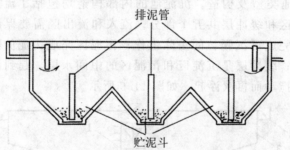

**图 11.11  多斗式平流沉淀池**

平流式沉淀池的流速一般为 5～7 mm/s，表面负荷 1～3 m³/(m²·h)，停留时间为 1～3 h。

2）竖流式沉淀池。竖流式沉淀池一般为圆形，也有方形和多角形的，直径较小，通常小型污水处理厂采用这种沉淀池，其构造示意图如图 5.12 所示。

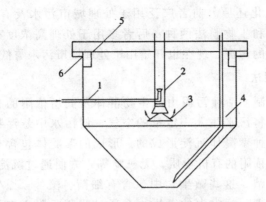

**图 5.12　竖流式沉淀池**

1—进水管；2—中心管；3—反射板；4—排泥管；5—出水槽

在沉淀池的中心设置污水注入管，并在注入管的出口处设置反射板以使污水向四周扩散，污水中的杂质随着沉淀的过程从底部排除，澄清后的净水则随着水位的升高而由沉淀池的四周溢出，流出区设于池周，采用堰出流。贮泥斗设置有 $45°\sim60°$ 的倾角，污泥借静水压力由排泥管排出，排泥管直径一般不得小于 200 mm，静水压力 $1.5\sim2.0$ mm。还应在水面距池沿 $0.4\sim0.5$ m 处安装挡板来防止漂浮物的溢出，挡板应伸入水中 $0.25\sim0.3$ m，伸出水面高度为 $0.1\sim0.2$ m。

竖流式沉淀池具有排泥容易，不需要机械刮泥设备，便于管理等优点。其缺点是：池深大，造价高，而每个池的容量又很小，污水量大时不宜采用，不易实现均匀分布水流等。

竖流式沉淀池设计上升流速为 $0.5\sim0.7$ mm/s，停留时间 $1\sim1.5$ h。中心管流速 30 mm/s，直径一般不大于 10 m。

3）辐流式沉淀池

辐流式沉淀池是一个直径较大，水层较浅的圆形池，直径一般为 $20\sim50$ m，最大可达 100 m。入口常设于中心，在入流管的周围常用穿孔挡板围成入流区，污水由中心管处流入，沿半径的方向向池四周漫流，其水力特征是污水流速由中心逐渐减小，出口常采用锯齿形溢流堰，中心底部设有沉泥斗，池底由四周坡向中心，设有刮泥设备，在刮泥机运转过程中池面上的浮渣也随之刮向集渣槽。

## 11.2.2 生物化学处理法

生物化学处理法是利用微生物的代谢作用进行有机污染物去除的方法。有好氧法和厌氧法两类，分别是利用好氧微生物和厌氧微生物的代谢作用进行有机物的氧化还原。前者广泛用于处理城市污水及有机性生产污水，又有活性污泥法和生物膜法两种；后者多用于处理高浓度有机污水与污水处理过程中产生的污泥，现在也开始用于处理城市污水与低浓度有机污水。

### 1. 活性污泥法

（1）净化机制。活性污泥由微生物群体及其所依附的有机物和无机物组成，它是通过将污水注入一定量的空气，使污水中悬浮物经过一段时间的曝气后形成一种絮凝体沉淀形成的。形成的絮凝体包含有大量的微生物群、动物群以及依附的有机物质、无机物等，方便通过沉淀进行分离去除，以实现污水的澄清。这些微生物中包含有细菌、藻类、原生动物等。整个过程可以详述如下：污水中的微生物会通过胞膜吸附于有机物质之上，并会分泌一定的酶将有机物分解产生小分子，这些小分子会渗透进入微生物内部，经微生物的新陈代谢转变为无害的物质。同时微生物会产生一种多糖类的黏滞物，使微生物互相黏着，从而形成絮凝体，絮凝体在重力的作用逐渐下沉，并会吸附污水中的一部分悬浮物一起去除。当污水中的有机物全部消耗之后，在供氧条件下，微生物的细胞就会将其自身组织进行氧化消耗。

总而言之，活性污泥是由具有活性的微生物和微生物自身氧化的残留物，以及吸附在其上面而不能被氧化分解的有机物和无机物构成，这些微生物包括细菌、真菌、原生动物等多种微生物群体。活性污泥法就是利用这些活性微生物对有机物进行代谢分解的方法。

（2）活性污泥法的运行方式及工艺流程

1）传统活性污泥法。传统活性污泥法是根据污水的自净原理发展而来的。污水在经过沉砂、过滤等处理后，已将大部分悬浮物和部分 BOD 予以去除，然后被送入含有无数能氧化分解污水中有机物的微生物氧化池中进行进一步处理，同天然河道相比，该氧化池通过设置鼓风机给池中曝气，使污水中含氧量远远大于天然河道中的含氧量，从而满足微生物氧化分解有机物的耗氧需求，从而提高微生物的氧化效率，通常称这种氧化池为曝气池。

污水在曝气池中经过一段时间的氧化分解之后，被送入二次沉淀池进行微生物的凝絮下沉，最终形成活性污泥，经过处理达标的净水即可进行溢流排放。

沉淀后的活性污泥还可以进行回收利用，用泵将其回流至曝气池再次吸附、氧化分解污水中的有机物，这样可以保持曝气池中微生物的浓度，从而提高曝气池的反应速率。

在正常的生产条件下，微生物不断繁殖而逐渐增多，当曝气池中的微生物达到一定浓度时，出水中微生物浓度比较高，所以应适当去除一部分活性污泥，这部分活性污泥称为剩余污泥，图 11.13 所示为传统活性污泥法处理污水的工艺流程。

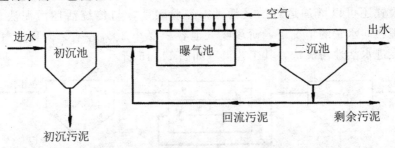

图 11.13　传统活性污泥法工艺流程图

　　通常控制曝气池中污泥浓度在 2～3 g/L 范围内，污水中有机物含量较多时适当增加活性污泥的浓度。常将污水在曝气池中的停留 4～8 h，具体情况要视污水中有机物浓度来确定。回流污泥量约为进水流量的 25％～50％左右，根据污泥的含水率确定。

　　曝气池中的水流是纵向混合推流式，在曝气池前端，污水中有机物浓度相对较高，微生物因得到了大量的营养物质而大量繁殖，同时充足的能量使得微生物活动能力很强，具有较高的有机物分解能力，但由于传统活性污泥法曝气时间比较长，在曝气池的末端，污水中有机物已消耗殆尽，微生物没有充足的养分维持其正常代谢，其活动能力逐渐减弱，很容易形成沉淀。在将污泥回流入曝气池后，充足的有机物又可以使微生物活性增强，增强其分解效率，传统活性污泥法的 BOD 和 SS 去除率可达到 90％～95％左右。

　　传统活性污泥法的不足之处包括：①受水质变化影响较大；②供氧利用率较低。这是因为活性污泥在曝气池的前端和后端耗氧量相差极大（见图 11.14），曝气池前端耗氧量远远大于其后端耗氧量，但空气是均匀分布于曝气池中的，这就造成后端供氧量的浪费。这种现象造成的后果是，同其他类型的活性污泥法相比，处理同样水量的曝气池占地更多、能耗更大。

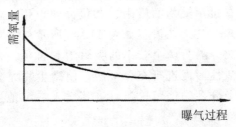

图 11.14　曝气过程与需氧量的关系图

2) 阶段曝气法。阶段曝气池是在传统曝气池的基础上改进而成的，它是将污水沿池长多点注入，使得污水大致均匀分布于曝气池中，可以改进传统曝气池氧气供氧利用率不足的情况，降低了能耗费用，同时多个进水口的设置还可以增加运行的灵活性。经验表明，与传统活性污泥法相比，在处理相同水量的情况下，阶段曝气池容积要小 30％左右。阶段曝气法也称多点进水活性污泥法，其工艺流程如图 11.15 所示。

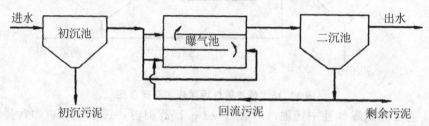

**图 11.15　阶段曝气法工艺流程**

3) 渐减曝气法。这种方法也是改进传统法供氧利用率不高的一个方法，是通过将曝气池的供氧沿活性污泥推进方向逐渐减少来实现供氧量的有效利用，其工艺流程如图 11.16 所示。

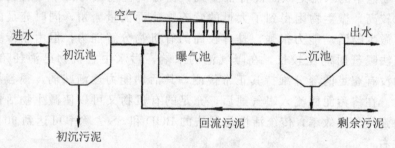

**图 11.16　渐减曝气工艺流程图**

4) 延时曝气法。延时曝气法即长时间曝气的活性污泥法，或称完全氧化法，这种方法曝气时间长，负荷低，一般都有硝化作用发生，有机物排除率高，污泥产量少，适用于小型污水厂。

5) 吸附再生活性污泥法。吸附再生活性污泥法系根据污水的净化机理，污泥微生物对有机污染物的吸附、氧化分解作用，将传统活性污泥法作相应改进发展而来。其工艺流程如图 11.17 所示。在吸附再生活性污泥法中，传统曝气池被分隔为两个较小的吸附池和再生池，首先将污水注入吸附池内与其中的活性污泥进行充分接触，使微生物充分吸附在污水中的有机物上，经过数十分钟的停留，随后将其送入二沉池进行沉淀，这样来实现污水的净化。

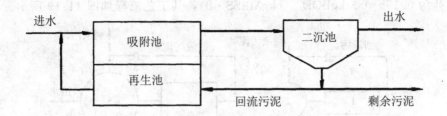

**图 11.17　吸附再生法工艺流程**

　　分离后活性污泥被送入再生池，对再生池继续曝气，但不再注入污水，以充分分解吸附的有机物，等到有机物分解完全之后再送回吸附池，以去除污水中的有机污染物，这样循环往复进行有机物的去除。

　　为了更好地吸附污水中的有机污染物质，吸附再生活性污泥法所用的回流污泥量比传统活性污泥法多，回流比一般在 50%～100%左右。吸附池和再生池的总容积比传统法曝气池小很多，氧气利用率会高很多，因此，可有效降低造价和运行费用，由于回流污泥量较多，又使其具有较强的调剂平衡能力，可以适应进水负荷的变化，但是去除率较传统法要低。

　　6）完全混合活性污泥法。完全混合活性污泥法的流程和传统法相同，不同的是当污水和回流污泥进入曝气池时，立即同原先有机物浓度低的大量混合液充分混合，以对污水进行稀释，这样就可以基本维持池内微生物的状态（营养、负荷、需氧）在一定的水平，使得微生物一直处于一定的生长的阶段，这样就有可能通过调整池内污泥的浓度等方法，使整个池子保持在最佳的条件下运行，这样做的好处是使得活性污泥法可以在一定范围内适应水质的变化。其工艺流程如图 11.18 所示。

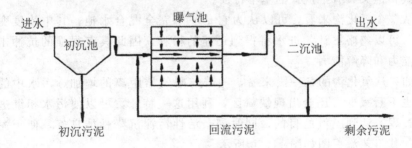

**图 11.18　完全混合法工艺流程图**

　　7）A-B 法（两级活性污泥法或称为两段曝气法）。A-B 法是两级活性污泥法的一种形式，其基本组成是两个连续流的活性污泥装置，整个系统分成负荷不同的 A 级和 B 级，A 级在相当高的污泥负荷 [3～6 kgBOD$_5$/(kgMLSS·d)] 下运行，B 级是一个标准的低负荷活性污泥装置，其污泥

负荷为 $0.15 \sim 0.3$ kgBOD$_5$/（kgMLSS·d），其工艺流程如图 11.19 所示。

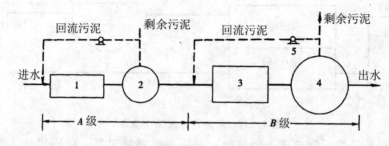

**图 5.19　A－B 法工艺流程**

A－B 法通常不设初沉池，只在特殊情况下，才设去除大颗粒杂质的初沉池，A 级和 B 级分别单独回流活性污泥，互不相混，形成两种各自完全不同的微生物群落，分别与其污水浓度和运行条件相适应。A 级对于水质、水量、pH 和毒物等冲击具有较大的缓冲作用，因此，作为 B 级的进水，水质比较稳定，为 B 级微生物种群的生长繁殖提供了一个稳定的环境。

A－B 法的 BOD$_5$ 和 COD 去除率要更高，特别是 COD 的去除率，提高更显著，A 级的 BOD$_5$ 去除率是可变的，根据污泥负荷和运行时工况进行调节，A 级的 BOD$_5$ 去除率可达 $40\% \sim 70\%$，但考虑到后面的 B 级，一般 A 级的去除率须加以限制，约在 $60\%$ 以下较好。A－B 法 BOD$_5$ 总去除率为 $90\% \sim 98\%$。

8）氧化沟工艺。氧化沟法处理污水，其本质是延时曝气活性污泥法，污水进入氧化沟后与混合液混合，以 $0.3 \sim 0.5$ m/s 的流速在沟中流动，污水在沟中完成一个循环约需 $15 \sim 30$ min，在沟中停留 $16 \sim 24$ h，污水在沟中要经过 $20 \sim 120$ 个循环才能流出氧化沟，这就使得氧化沟基本上是完全混合式，但又具有推流式的基本特征。

从整个氧化沟来看，可以认为它是一个完全混合水池，其中浓度变化极小，可以忽略不计，进水将得到迅速的稀释，因此具有很强的抗冲击负荷的能力和降解能力。

如果从氧化沟的某一段来看，随着与曝气器距离的增加，污水中的溶解氧也不断减少，还会出现缺氧区，利用这一特征，可以使污水相继进行硝化过程，达到脱氮的目的，同时剩余活性污泥沉降性能良好，便于泥水分离。其工艺流程图如图 11.20 所示。

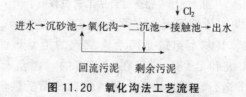

**图 11.20　氧化沟法工艺流程**

### 2. 生物膜法及生物滤池

生物膜法是附着增长生物处理过程，生物滤池是生物膜法的一种。

（1）生物膜的形成及其特点。

1）生物膜的形成。

a. 在生物膜法净化构筑物里，填充着数量相当的接触介质，废水沿着介质向下流动（渗滤），在充分供氧条件下，微生物在介质表面繁殖，吸附有机物，并进行生命活动，于是在介质表面形成黏液状的、长有微生物的生物膜。

b. 随着微生物的不断繁殖，以及悬浮物的不断沉积，使微生物的厚度逐渐增加，到一定程度后就形成了厌氧和好氧层，这时由于水中的营养物和氧只能进行到介质表面距离较近的内层，以致营养物在穿透生物膜之前，就已经被利用完。

氧透过微生物膜的深度，取决于氧在膜中的扩散系数、溶液界面处氧的浓度和生活于膜内的微生物的氧总利用速率。增大废水浓度，将减小好氧层的厚度，增大废水的流量，将增加好氧层的厚度。底物渗入生物膜的深度取决于废水流量、废水浓度、底物在膜中扩散系数，微生物对底物的利用速率。

c. 在厌氧层中好氧菌死亡，或溶解成为厌氧菌和兼性菌的食物，直到全部耗尽，并致附着于固体表面的厌氧菌死亡或溶解，此时厌氧层已不能支持表面的生物群体（好氧层），即生物膜瓦解，大块脱落后代之以新的生物膜。

d. 水力冲刷是微生物更新的另一种方式。

2）生物膜的特点。

a. 絮凝性能差，生物膜出水浓度较高。

b. 生物膜的数量是保证处理效果的关键，膜厚 2～3 mm 最理想。

c. 生物膜是由菌胶团的扩展和延续而成。

d. 丝状菌的数量比活性污泥多。

e. 生物膜的附着水 44%～95%，活性污泥含水率 99%。

（2）生物膜中的物质迁移（净化过程）。生物膜成熟的标志是：生物膜延池垂直分布，生物膜上由细菌和各种微型生物组成的生态系、有机物降解功能等都达到了平衡和稳定状态。从开始布水到生物膜成熟，要经过潜伏和生长两个阶段，一般城市污水在 15～20 ℃条件下，大约需 50 d 左右。

有机物的降解发生在生物膜表层的厚度约为 2 mm 的好氧性生物膜内，在这其中栖息着大量的细菌、原生生物和后生生物，这些生物形成了有机污染物—细菌—原生动物（后生运行）的食物链，细菌代谢对有机物实现降解，从而使污水得到净化。在传质作用下，流动水层与附着水层就有机污染物和好氧微生物的代谢产物 $H_2O$ 和 $C_2O$ 进行交换，从而使流动水层在流动的过程中逐步得到净化和维持附着水层中微生物的生长环境，见图 11.21。

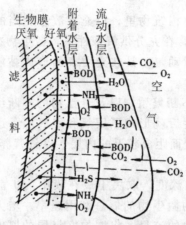

**图 11.21  生物膜降解有机污染物模式**

生物膜成熟后，微生物厚度随繁殖和悬浮物沉积的积累而不断增加，在超过好氧层厚度后，其深部便开始形成厌氧性膜，厌氧性代谢产物 $H_2S$、$NH_3$ 等通过好氧性膜排出膜外。当厌氧性膜厚度超过一定范围时，厌氧性代谢产物开始积累，原来两种膜之间的平衡被破坏，导致好氧性膜上的生态系统遭到破坏，生物膜逐渐老化并脱落，于是开始新生物膜的生长过程。在生物膜成熟后的初期，微生物代谢旺盛，净化功能最好，在膜内出现厌氧状态时，净化功能下降，直至生物膜脱落时，降解效果最差。供氧是影响生物膜净化功能的重要因素之一，这一过程主要取决于构筑物的通风状态，构筑物及填料组成对填料通风有决定性关系，因此，滤料排列形式很重要。

微生物的代谢速率取决于有机物浓度和溶解氧量，在一般情况下，氧较为充足，代谢速度只取决于有机物浓度。总之，生物膜的物质迁移可概括如下：

1）由于生物膜的吸附作用，在其表面有一层很薄的水层称吸附水层。

2）吸附水层绝大多数已被氧化，其浓度比进水有机物浓度低得多。

3）由于浓度作用，有机物将扩散到吸附水层，而被生物膜所吸附。

4）微生物对有机物进行氧化分解和同化合成 $H_2O$ 和 $CO_2$ 及其他代谢产物，一部分溶于吸附水层或进入流动水层，一部分析出进入空气中。

普通生物滤池的负荷量低，污水与生物膜的接触时间长，有机物降解程度较高，污水净化较为彻底，又由于有机物负荷低，微生物增殖迟缓，生物膜增殖较慢，污泥量少，但生物膜周期性脱落，季节变动，出水净化效果也随之变动。

高负荷生物滤池，污水负荷量高，微生物代谢速度快，生物膜增长迅速，但由于水量大，冲刷能力较强，生物膜的厚度大致保持一定，随季节增长的幅度较小，由于水量大，污水与滤料的接触时间短促，有一部分只完成了对有机物吸附过程的生物膜，被冲下流出池外，因此，污水净化程度低于普通生物滤池，而污泥量则多于前者，这也是高负荷生物滤池的缺点。

（3）生物滤池的需氧和供氧。

1）生物膜量。活性污泥法以曝气池内混合液浓度 MLSS 表示生物量，生物基池中滤料表面生长的生物膜污泥，也相当于活性污泥法的 MLSS，能够用以表示生物滤池内的生物量。

生物膜污泥量是难以精确计算的，除了原污水的水质、负荷量等因素能够影响生物膜污泥的数量外，活性生物膜（生物膜好氧层）厚度的不同和其沿滤池深度分布的不同，也给生物膜污泥数量的计算造成困难。

生物膜污泥量的数据应通过实测取得，沿滤池的深度按池上层、下层分别测定，取其平均值作为设计运行数据。

生物膜好氧层的厚度，一般为 2 mm 左右，含水率为 98%。在一般情况下，处理城市污水的普通生物滤池的生物膜污泥量是 $4.5 \sim 7 \text{ kg/m}^3$，高负荷生物滤池为 $3.5 \sim 6.5 \text{ kg/m}^3$。如滤料的粒径以 5cm 计，球形率 $\psi_1$ 为 0.78，则每立方米滤料的表面积将约为 80 $\text{m}^2$，若生物膜厚为 2 mm，含水率 98%，则经过计算每立方米滤料上的活性生物膜量为 $3.2 \text{ kg/m}^3$，在滤池的下层，生物膜的厚度以 0.5 mm 计，按以上计算，则每立方米滤料上的生物膜量为 $0.8 \text{ kg/m}^3$。

2）生物滤池的需氧量计算。单位容积生物滤池的需氧量可按下面公式计算：

$$Q = aBOD_r + bP（\text{kg/m}^3 \cdot \text{滤料}） \tag{11.2.10}$$

式中，$a$ 表示每公斤 $BOD_5$ 完全降解所需要的氧量；$BOD_r$ 表示去除的 BOD 值；$P$ 表示每立方米滤料上生长的活性生物膜量；$b$ 为考虑单位重量生物膜需氧量的系数，此值大致为 0.18 活性生物膜，其确定过程如下：

生物膜的耗氧量大致为 0.3 $\text{g/m}^2$ 滤料表面，如滤料直径以 5 cm 计，则每平方米滤料表面生物膜的耗氧量为：$0.3 \times 80 = 24 \text{gO}^2 / \text{m}^2$ 滤料，折算成每公斤活性生物膜的耗氧量为：

$$24\text{g}/3.2 \text{ kg} = 7.5 \text{ g/kg} \tag{11.2.11}$$

$$\text{生物膜时} = 0.18 \text{ kg/（kg 生物膜} \cdot \text{d）} \tag{11.2.12}$$

3）生物滤池供氧。在生物滤池中，氧气首先溶解于水中，然后通过污水的流动而扩散传递到生物膜内部的，整个过程是通过自然条件下的空气流动完成的。

影响生物滤池通风状况的因素很多，主要有：滤池内外的温度差、风力、滤料类型及污水的布水量等，特别是第一项，能够决定空气在滤料内的流速、流向等，滤池内部的温度大致与水溃相等，在夏季，滤池内温度低于池外温度，空气下降，冬季则相反。池内外温差 $\Delta T$ 与空气流速 $v$ 的关系，可用下列经验公式决定：

$$v = 0.075\Delta T - 0.15 \qquad (11.2.13)$$

4）塔式生物滤池。塔式生物滤池简称塔滤，在工艺上，塔滤与高负荷生物滤池没有根本的区别，但在构造、净化功能上有一定的特征。

a. 塔式生物滤池的主要特征。塔式生物滤池的水量负荷比高负荷生物滤池高 2～10 倍，BOD 负荷高 2～3 倍。塔式生物滤池高达 8～24 m，直径 1～3.5 m。直径与高度比介于 1：6～1：8 左右，这种塔形构造可以增加滤池的通风性，此外，由于高度大，水量负荷高，使滤池内水流紊动强烈，污水与空气及生物膜的接触充分，使生物膜生长迅速，但同时又使生物膜受到强烈的水力冲刷，导致生物膜不断脱落更新，在塔式生物滤池各层生长着种属不同，但适应流至该层污水性质的生物群，以上这些特征都有助于微生物的代谢、增殖，有助于有机污染物的降解。

塔式生物滤池具有占地少、负荷高、不需专设供氧设备等优点，而广泛使用轻质塑料，进一步促进了塔滤的应用。

塔式生物处理不仅适合处理生活污水和城市污水，也适合处理各种工业生产污水，由于塔滤对冲击负荷有较强的适应能力，故常用于高浓度工业生产污水二级生物处理的第一级，大幅度地去除有机污染物，保证第二级处理能够取得高度稳定的效果。

b. 塔式生物滤池的构造。图 11.22 为塔式生物滤池构造示意图。

塔滤沿高度分层建筑，在分层处设格栅，格栅承托在塔身上，这样可使滤料荷重分层负担，每层滤料充填高度以不大于 2 m 为宜，以免压碎滤料，每层都设检修孔，以便更换滤料。

塔身可用砖砌筑，也可用钢筋混凝土现场浇筑或预制板构件现场组装。池壁应高出上层滤料表面 0.4～0.5 m，以免风吹影响污水的均匀分布。

碎石、矿渣、焦炭等虽然在原则上可以充当塔滤的滤料，但由于比表面积小、重量大、通风效果差，作为塔滤的滤料是不适宜的，使用环氧树脂固化的玻璃钢蜂窝填料，这种滤料和填料具有较大的比表面积，结构均匀，有利于空气流通和污水的配布，而且轻质高强，宜于使用。

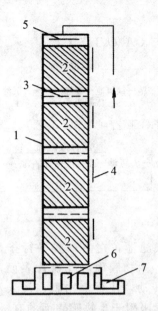

图 11.22　塔式生物滤池构造示意图

塔滤的布水装置与一般的生物滤池相同，也广泛使用旋转布水器，这种布水装置布水均匀，流量调节幅度较大，不易堵塞，效果好。为了防止上层负荷过大，而使生物膜生长过厚造成堵塞，以及均衡负荷，减轻有毒物质的挥发等，可采用多级布水措施。

塔式生物滤池一般都采用自然通风，塔底有高度为 0.4～0.6 m 的空间，周围留有通风孔，其有效面积不小于滤池横断面积的 7.5%～10%。

**3. 污水的除磷、脱氮工程**

磷是生物圈中重要的元素之一，在农业上也十分重要，但是它可引起水体污染，是造成富营养化的重要因素，受磷污染的水体，藻类大量繁殖，藻类死亡后分解会耗去大量溶解氧，严重影响鱼类的生存，大多数种类的蓝藻会使水产生霉味或臭味，许多种类还会产生毒素，并通过食物链影响人类的健康。

所有生物除磷工艺都是原有活性污泥法的改进，通过设置一个厌氧阶段，选择能过量吸收并贮存磷的微生物，以降低出水的磷含量。

生物脱氮主要是依赖于一大类反硝化菌的异化反硝化作用，这类菌是属于异养的兼性厌氧细菌，它们在缺氧的条件下，利用硝酸盐作为电子受体，以有机含碳化合物为电子供体（碳源），进行无氧呼吸，使硝酸盐还原成分子氮逸出，从而达到脱氮的目的，同时使有机物氧化分解，达到去除污水中含碳有机物的目的，因而它是一种能同时去碳、脱氮的生化处理污水方法。

　　（1）厌氧—好氧工艺（A/O工艺）

　　（2）厌氧—缺氧—好氧工艺（A²/O工艺）

### 4. 生物转盘

　　生物转盘又称浸没式滤池，它由一些平行排列的塑料圆盘组成，这些圆盘有近一半伸入水中，生物膜附着在盘片表面，其净化原理和生物滤池基本相同。盘片缓慢地转动，使得生物膜在浸入污水中时吸附有机物，当露出水面时，吸收氧气对吸附于生物膜表面的有机物进行代谢分解。

　　生物膜随着微生物的不断繁殖逐渐增厚，需要保持一定的转速来产生足够的剪切力将过剩的生物膜予以剥落，避免不断增厚的生物膜堵塞相邻盘片之间的空隙，脱落下来的絮状生物膜在二沉池中沉淀排除，不需回流，图11.23为生物转盘的基本工艺流程。

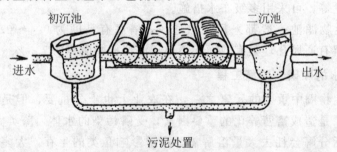

图 11.23　生物转盘工艺流程

　　同活性污泥法和生物滤池相比，生物转盘法在处理过程中不会发生滤料堵塞或污泥膨胀的现象，因此可以对有机物含量高的废水进行处理；废水与生物膜的接触时间较长，对负荷的变化具有一定的忍耐力，脱落的生物膜容易通过沉淀去除，降低了管理的难度，可以有效节省运行费用，缺点是占地面积较大，盘片所用材料成本较高，增加了基建投资费用，适用于废水量小的污水处理厂。

### 5. 氧化塘

　　（1）氧化塘净化污水的原理。氧化塘是一个藻菌共生的净化系统，以兼性塘来介绍氧化塘的净化原理及流程，塘内同时存在有机物的好氧分解氧化，有机物的厌氧消化和藻类的光合作用，图 11.24 所示为兼性塘净化功能模式图。

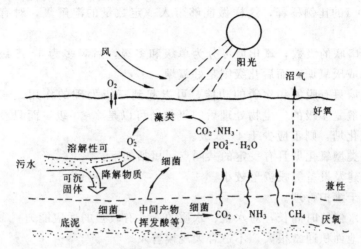

图 11.24　兼性塘净化功能模式图

前两个过程分别以好氧细菌和厌氧细菌为主进行，后者以藻类和水生植物进行。

水中的溶解性有机物会被好氧细菌氧化分解，藻类和水生植物的光合作用可以为其提供所需的氧气，实际为提高分解效率，可以通过人工曝气予以补充。沉积于塘底的可沉固体和塘中生物的尸体，会由产酸细菌分解为低分子有机酸、醇、$NH_3$ 等，其中一部分会被好氧细菌继续氧化分解，另一部分被产甲烷细菌分解成 $CH_4$。

（2）氧化塘的类型和主要特征。氧化塘也称生物塘和稳定塘，是构造简单、易于维护管理的一种污水生物处理构筑物。其对污水的净化过程与水体自净过程相似。

氧化塘可分以下种类：

1）好氧氧化塘：深度较浅，阳光能够透入底部，主要由藻类供氧，全部塘水都呈好氧状态，由好氧微生物起净化污水作用。

2）兼性氧化塘：塘水较深，从塘面到一定程度，由于阳光能够透入，藻类光合作用旺盛，溶解氧比较充足，呈好氧状态。再深处的塘水，溶解氧不足，由兼性微生物起净化作用，沉淀污泥于塘底进行厌氧发酵。

3）厌氧氧化塘：塘深在 2 m 以上，BOD 物质负荷很高，整个塘水都呈厌氧状态，净化速度很慢，污水停留时间长，这种氧化塘一般都充作好氧氧化塘的预处理。

4）曝气氧化塘：塘深在 2 m 以上，其特征是在塘水表面安装浮筒式曝气器，全部塘水都保持好氧状态，BOD 负荷较高，停留时间较短。

为了降低原污水的浓度，可采取用河水释稀的措施，即用河水将污水 3∶1～5∶1的比例稀释，这样做能够带入一定数量的溶解氧，对有机物氧化有利。

根据串联的级数，氧化塘可分为单级和多级，后者多为 4～5 级，前几级为兼性或厌氧塘，而后几级则是好氧塘。

氧化塘只有脱氮和除磷的功能，可以起到三级处理的作用。三级处理氧化塘一般是多级的。生物处理后的氧化塘可以是 2～3 级，而只经物理处理后的氧化塘，则不应少于 4～5 级。

各种类型氧化塘具有一定的共同点，概括如下：

①基建及设备等投资量较小。

②易于维护管理。

③污水停留时间长，对水量、水质的变动有较强的适应能力。

④占地面积通常很大，不适合大规模普及。

⑤ 净化功能易受气温及阳光照射量影响，冬季的净化效果将显著下降。

⑥容易滋生蚊蝇，容易产生臭味。

### 6. 污水的厌氧处理

污水的厌氧处理是一种相当新的污水处理技术领域。一系列的能源政策特性因素产生了这样的事实：即这种污水处理形式已日益引起人们的注意，该领域也发生了一系列进展和革新。

（1）厌氧污水处理的微生物学特征。近几年，虽然对厌氧污水处理的研究非常活跃，但是，对这个方面的微生物学原理（理想的底物条件、干扰因子等）了解还很少。像早已建立的厌氧污泥消化方法一样，厌氧污水处理过程是许多连锁发酵作用的结果，其最重要、人们了解最清楚的是甲烷发酵。由于该发酵过程基于更复杂的微生物学反应，其消化过程的进行不及好氧污水处理那样稳定。

和好氧分解相比，厌氧分解受各组生物群支配，这些生物群必须彼此合作共同起作用。最终分解的生物群—产己酸细菌和产甲烷细菌的共生作用—能够利用全部的有机酸（例如丁酸、己酸）和醇类（己醇）。假如这些必需的条件继续维持下来，那么，就会不断地产生乙酸盐、二氧化碳、氢气和甲烷（尤其甲烷）。所以，进一步沿着厌氧生物群落食物链上的生物体大大地依赖于初始底物的特性。而且，一种特定污水是否对厌氧处理方法敏感，首先取决于该水解细菌，该细菌作用于进入的污水的成分，并使得它们易受处理各步的影响。

来自糖厂和淀粉厂的污水容易水解，并转化成酸。在这样的情况下，甲烷形成通常是限速步骤。如果人们想对这种污水的处理过程乐观地考虑，那么，建议采用两步法。为此，流出物的酸性发酵在分离的反应器中进行。从这一步释放出的液体是酸性的（pH＝3.8），COD 主要由有机酸组成。

来自第一步骤的液体进入到一个实际上分离的甲烷反应器中（第二步骤），有些学者研究表明，假如进来的液体能够很好地混合的话，pH 值低到 4 的污水，在没有中和之前，就能被一个容易适应的甲烷污泥甲烷化。

当处理诸如含有纤维素的洗出物等不易水解的废水时，那么，限速步骤是水解作用和酸性发酵。对于这种流出物，两步处理法显示不出优点。这也适用于工业污水，由于工厂内部条件的缘故，该污水具有很高的缓冲能力。例如，如果生产过程中使用了碳酸钠，最后在工厂污水中就会出现，那么，启动酸性发酵就比较困难。

除了这些因素外，厌氧处理过程的微生物学的作用也取决于流出物类型。那么，人们处理主要由碳水化合物（淀粉、糖、果胶等）污染的液体时，通常把酸性发酵和甲烷发酵处理步骤分离开来进行。可是，当脂肪或蛋白质是主要成分时，那么，不加区别地选择两步厌氧过程就不再适用。高度浓缩的含脂肪的流出物的酸性发酵常常只能获得令人失望的效果，而且酸性产物的浓度（即甲烷发酵阶段底物浓度）仍是很低。含有蛋白质液体的酸性发酵即使在高容量的负荷下也以较高效率继续进行。可是，当 pH 值在 7.0 左右时，由于释放铵离子，对于大范围的开放条件，也期望同时生成甲烷。因此，控制甲烷发酵阶段所需要的碳就被失去。

采用两步厌氧处理过程的主要目的之一是甲烷产生阶段的可能极度的酸化作用。对于含有脂肪的废水来说，极度酸化作用将不会发生，或者在含有许多蛋白质的流出物中也不会发生，因此，考虑到过程的稳定性，两步法处理厂是不需要的。

（2）厌氧污水处理的优缺点。对于厌氧污水处理来说，涉及的液体量要比污泥消化作用大得多。基于这种原因，与污泥消化作用比较，污水厌氧处理必须连续进行。有效地进行厌氧污水处理的必要条件是要有非常高浓度的生物量。此外，反应时间应该相当的短（和污泥消化比较），以便获得经济可行的处理方法。

厌氧处理尤其适合于对高度污染的有机排放物的处理（＞5000 mgCOD/L）。用此法进行费用低廉的前期预处理是可能的。但此法不能处理远距离排放到水域的污染物，而对于类似生活污水之类的污染物进行预处理后，还有一定的残留污染物，因此，这些残留物最终处理还得通过城市污水处理或通过好氧处理阶段进行再处理。

相对于好氧方法来说，厌氧处理过程具有下列优点：

1）厌氧处理需要非常小的能量。

2）可以以沼气的形式获得有用的能量。

3）可降解的物质种类更多，例如果胶在好氧处理过程中不能降解，但是厌氧处理过程中可以很好地进行降解。

4）产生非常少的污水污泥，而且，有机残渣的处理代价非常低。

可是，它们也存在一些缺点：

1）净化效果不够理想，理想的条件下，处理过的出水中仍然含有大约 $200 \sim 300\text{mgCOD/L}$ 的污染物。

2）在某些条件下，处理过程的稳定性相当脆弱。

除以上介绍的物理处理法和生物化学处理法以外，还有化学处理法，是利用化学反应的作用，分离回收污水中处于各种形态的污染物质。主要的方法有中和、混凝、电解、氧化还原、萃取、吸附、离子交换和电渗析等。化学处理法多用于处理生产污水。受限于篇幅，这里不再展开叙述。

实际应用中，城市污水与生产污水中大多含有多种污染物，往往需要通过多种方法共同处理，才能将不同性质的污染物与污泥完成净化，达到污水的排放标准。

## 11.3 城市生活污水处理分级与回用

### 11.3.1 污水处理程度分级

按照污水处理的程度，通常可将现代污水处理技术分为一级、二级和三级处理。

一级处理的要求是将污水中的悬浮污染物质进行去除，通常采用物理处理法来实现一级处理的要求。经过一级处理后的污水，BOD 一般可去除30%左右，还没有达到国家规定的排放标准，还必须经过二级处理，一级处理是二级处理的预处理。

二级处理的要求是去除污水中90%以上的胶体等有机物质（即 BOD、COD 物质）。经二级处理后的有机污染物可以达到国家规定的排放标准。

三级处理是在一级、二级处理的基础上，进一步处理难降解的有机物以及磷、氮等可导致水体富营养化的可溶性无机物等。主要方法有生物脱氮除磷法、混凝沉淀法、砂滤法、活性炭吸附法、离子交换法和电渗析法等。三级处理通常是以污水回收、再用为目的进行的处理工艺。

城市污水处理过程中产生的污泥通常含有大量有机物，可以作为庄稼的肥料进行回收利用,但污泥中通常又含有大量细菌、寄生虫卵以及重金属离子等,回收利用前需要作稳定与无害化处理。污泥处理的主要方法是减量处理,包括浓缩、脱水等方法;综合利用,包括消化气利用,污泥农业利用等方法;稳定处理,包括厌氧消化法、好氧消化法等方法;最终处置,包括干燥焚烧、填地投海、建筑材料等方法。

如图 5.1 所示为城市污水处理的典型流程图。

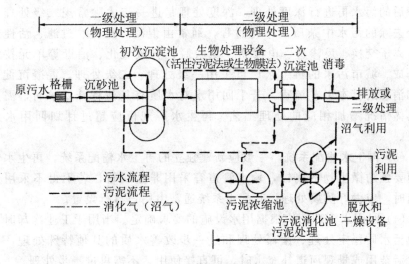

**图 11.1 城市污水处理典型流程**

不同工业性质的企业,其生产污水水质随原料、成品及生产工艺的不同而差异很大,污水的处理流程也很不相同,具体处理方法与流程应根据水质与水量及处理的对象,经调查研究或试验后决定。

## 11.3.2 城市污水回用工程

### 1. 概述

城市污水经处理后,达到回用要求的水质标准,而在一定范围内重复使用的供水系统,称为城市污水回用系统。

近年来,为了解决可用水资源的减少和水质不断恶化的问题,以及污染物排放标准的提高,提出了污水资源化这一新课题。城市污水经处理再生后,可作为城市第二水资源再利用,既可节约水资源,又使污水无害化,起到保护环境、控制水污染、缓解水资源不足的重要作用,尤其在缺水地区其作用更加明显。

### 2. 城市污水回用系统及其组成

城市污水回用系统一般由污水收集系统、再生水厂、再生水输配系统和回用水管理等部分组成。下面对各组成部分进行详细阐述。

（1）污水收集系统。污水的收集一般通过城市排水管网实行，为降低污水回用的处理难度，应尽量避免使用明渠作为收集管道，宜采用分流制系统对回用水进行分类收集。

（2）再生水厂。再生水厂处理工艺流程的确定比较严格，应通过试验或参考实际经验，根据回用水水质标准进行确定。再生水厂往往需要对常规处理后的污水再进行深度处理。深度处理是进一步去除常规二级处理不能完全去除的污水中杂质的净化过程，通常由混凝、沉淀、过滤、活性炭吸附、离子交换、反渗透、电渗析、氨吹脱、臭氧氧化、消毒等单元技术组合而成。城市污水的再生水厂可采用一级处理、二级处理、混凝沉淀、过滤和消毒的基本工艺流程，若干回用水对水质有其他特殊要求时，需要根据具体情况增加相应的处理工艺。再生水厂规模应超过计划回用水量的20％。

（3）再生水输配系统。一般应新建独立的再生水输配系统，再生水输水管道要预防微生物的腐蚀，输水管道宜采用非金属管，若不得不采用金属管道时，应做好防腐处理，其配水系统通常由用户自行设置。

（4）回用水管理。应根据用水设施的要求确定。当用于工业冷却时，一般包括水质稳定处理、菌藻处理和进一步改善水质的其他特殊处理。当用于生活杂用或景观河道补充水时，可直接使用，不需再进一步处理。

**3. 污水回用在农业上的应用**

在水资源日益紧缺的今天，将处理后的水回用于绿化、冲洗车辆、冲洗厕所、农业灌溉，其应用前景广泛。农业灌溉是污水回用的主要用途之一。

在污水资源化问题上，现在出现了很多反对的声音，不过很多理由显得有些牵强。农业灌溉用水始终是人类活动耗水最大的行为，对水质需求也比较低，应该提倡农田灌溉的污水回用。不过在使用过程中应考虑其特殊性，并不需要将污水中对农作物生长有益的有机物、氮、磷、钾等营养成分去除后再进行回用，实际上只需要将其中对人体健康有害的病原菌、病毒以及重金属污染物等去除后，就可以作为"营养液"直接灌溉农田。这样一来，不仅实现了水、肥资源的双重生态循环，还能省去为去除有机物与氮、磷而必需的二三级处理工艺。

# 参考文献

[1] 白兰等. 给水系统中压力和流量关系探讨 [J]. 产业与科技论坛，2016，15（5）：81-82

[2] 赵世明，高峰. 建筑给排水系统的节能原理 [J]. 给水排水，2008，34（s2）.

[3] 赵玲萍，邵敏. 城市中水系统纳入给排水系统综合规划的优化研究 [J]. 节水灌溉，2006（2）：26-28.

[4] 李莲秀. 关于城市给排水系统规划的思考 [J]. 建筑经济，2007（8）：51-54.

[5] 王刚. 绿色建筑给排水系统设计中的节水措施分析 [J]. 门窗，2015（11）：41-42.

[6] 袁张静，王超. 建筑给排水系统设计的分析与研究 [J]. 科技信息，2013（25）：360-360.

[7] 李莲秀，高湘. 城市给排水系统规划设计探讨 [J]. 基建优化，2007，28（3）：87-90.

[8] 赵世明，高峰. 建筑给排水系统的节能原理 [C] //2008年度全国建筑给水排水委员会给水分会·热水分会·青年工程师协会联合年会. 2008.

[9] 马静. 绿色建筑中给排水系统 $CO_2$ 排放量的阈值研究 [D]. 重庆：重庆大学，2014.

[10] 姜瑞雪. 小城镇给排水系统指标体系优化及关键技术研究 [D]. 济南：山东建筑大学，2006.

[11] 刘海燕. 炼化企业给排水系统优化模型研究 [D]. 北京：中国石油大学（北京），2010.

[12] 李丽娟. 钢铁企业炼铁厂给排水系统分析 [D]. 重庆：重庆大学，2008.

[13] 潘广源. 城市给排水管网优化和管理系统的开发 [D]. 北京：北京工业大学，2012.

[14] 董富文. 某住宅小区室外给排水管网设计及关键问题研究 [D]. 郑州：中原工学院，2015.

[15] 刘晓红. 炼铁厂给排水的无废少废工艺—闭路循环系统研究及应用

— 211 —

［D］．西安：西安建筑科技大学，2006．

［16］傅晓阳．高层建筑给排水控制系统的研究与设计［D］．长沙：湖南大学，1997．

［17］靳晓瑜．市政给排水系统设计和规划研究［J］．江西建材，2018（4）．

［18］赵昕．市政给排水的设计与思考［J］．四川水泥，2018（1）．

［19］武宸民．建筑给排水施工中的常见问题与解决措施探讨［J］．建材与装饰，2018（2）．

［20］廖柳晖．市政给排水设计中的常见问题及其对策研究［J］．住宅与房地产，2018（3）．

［21］田小宝．建筑给排水设计的节能节水措施［J］．山东工业技术，2018（4）．

［22］何雷．海绵城市综合管廊给排水建设的思考［J］．建材与装饰，2018（5）．

［23］韩冬冬．浅析市政给排水管道设计存在的问题及解决对策［J］．门窗，2018（1）：135－135．

［24］汪高峰，郝华文．浅谈室外排水管道系统的维护技术［J］．江西建材，2018（1）：71－71．

［25］王钟玉．探讨市政给排水中系统规划存在的问题及对策［J］．装饰装修天地，2017（12）．

［26］李亿．建筑给排水系统的节能设计［J］．建材发展导向：上，2017，15（1）：166－167．

［27］潘纪磊．海绵城市概念下给排水系统建设之研究［J］．商品与质量，2017（23）．

［28］魏东升．对城市给排水系统规划与设计存在的问题及对策［J］．经贸实践，2017（24）．

［29］赵永民．城市给排水系统规划与设计存在的问题及对策［J］．装饰装修天地，2017（13）．

［30］王林．综述给排水系统安装施工工艺［J］．中国科技纵横，2010（17）：295－296．

［31］郭金良，张珂．综述建筑给排水系统设计流程及要点［J］．城市建设理论研究：电子版，2013（10）．

［32］邹颖，吴霞．给排水系统新设备应用、工艺优化总结［C］//全国钢铁企业供排水专业年会．2012．

［33］杨雷．市政给排水管道施工存在问题的总结探讨［J］．中国新技术新产品，2011（18）：75－75．

[34] 李佳音. 城市市政给排水管网的优化配置与管理综述 [J]. 科学技术创新, 2013 (28): 230—230.

[35] 张亮. 建筑给排水设计经验总结 [J]. 科技资讯, 2010 (20): 92—92.

[36] 潘国政. 市政给排水管道施工存在问题的总结 [J]. 城市建设理论研究: 电子版, 2014 (28).

[37] 陈龙. 综述市政给排水科学合理规划及常见问题解决措施 [J]. 建材发展导向, 2017 (1): 181—182.

[38] 房博, 支杰, 都春龙. 综述市政给排水工程施工管理 [J]. 城市建设理论研究: 电子版, 2016 (14).

[39] 阎首臣, 彭飞. 关于给排水管道施工技术综述 [J]. 城市建设理论研究: 电子版, 2015, 5 (27).

[40] 李颖. 建筑给排水节能节水技术综述 [J]. 建筑遗产, 2014.

[41] 黄卫娟. 给排水工程管理综述 [J]. 城市建设理论研究: 电子版, 2013 (24).

[42] 杨红艳, 黄文辉. 综述市政给排水工程中的顶管施工技术 [J]. 城市建设理论研究: 电子版, 2012 (1).

[43] 俞家欢, 于群. 土木工程概论 [M]. 北京: 清华大学出版社, 2016.

[44] 张启海. 城市给水工程 [M]. 北京: 中国水利水电出版社, 2003.

[45] 熊家晴. 给水排水工程规划 [M]. 北京: 中国建筑工业出版社, 2010.

[46] 祝素涵, 崔玉瑾. 城市给水工程相关问题探讨 [J]. 商品与质量, 2015 (4).

[47] 李二强. 城市给水工程施工质量管理分析 [J]. 装饰装修天地, 2016 (14).

[48] 樊俊晓. 我国城市给水工程的状况和问题 [J]. 城市建设理论研究: 电子版, 2014 (32).

[49] 孙同亮. 北方地区给水工程示例 [M]. 哈尔滨: 哈尔滨工业大学出版社, 2015.

[50] 本社. 城市规划基本术语标准: GB/T 50280—98——中华人民共和国国家标准 [M]. 北京: 中国建筑工业出版社, 1999.

[51] 张启海. 城市给水工程 [M]. 北京: 中国水利水电出版社, 2003.

[52] 优路教育. 市政公用工程管理与实务 (1纲2点3题速通宝典) (2014全国一级建造师 [M]. 北京: 中国经济出版社, 2014.

[53] 河北省第二建筑工程公司. 污水 (给水) 处理厂工程施工工艺 [M].

北京：中国建筑工业出版社，2009.

[54] 中国市政工程西北设计研究院．给水排水设计手册．第 11 册 [M]．北京：中国建筑工业出版社，2002.

[55] 董霞．建筑设备安装与识图 [M]．北京：中国电力出版社，2013.

[56] 阿莱格雷，韩伟．供水服务绩效指标手册：第 2 版 [M]．北京：中国建筑工业出版社，2011.

[57] 温强，许春华．城市初期雨水污染物分析 [J]．华东地区给水排水技术情报网第十七届年会，2010.

[58] 崔玉川．城镇污水污泥处理构筑物设计计算（高等学校十二五规划教材）[M]．北京：化学工业出版社，2014.